普通高等教育"十二五"规划教材

高职高专土建类精品规划教材

测量平差基础

主　编　李行洋

副主编　徐卫国

主　审　魏克让

中国水利水电出版社

www.waterpub.com.cn

内 容 提 要

本教材是高职高专土建类精品规划教材之一，全书共 10 章，内容包括：绪论、精度指标与误差传播、测量平差基本原理、条件平差、间接平差、附有参数的条件平差、附有限制条件的间接平差、误差椭圆、近代平差概论、常用测量平差软件应用简介等。

本教材适合高职高专测绘类专业师生使用，亦可供从事测绘工作的工程技术人员阅读参考。

图书在版编目（CIP）数据

测量平差基础 / 李行洋主编. -- 北京：中国水利
水电出版社，2011.5(2019.1重印)
　普通高等教育"十二五"规划教材. 高职高专土建类
精品规划教材
　ISBN 978-7-5084-8649-9

　Ⅰ. ①测… Ⅱ. ①李… Ⅲ. ①测量平差－高等职业教
育－教材 Ⅳ. ①P207

中国版本图书馆CIP数据核字(2011)第100099号

书　　名	普通高等教育"十二五"规划教材 高职高专土建类精品规划教材 **测量平差基础**	
作　　者	主编 李行洋　　副主编 徐卫国　　主审 魏克让	
出版发行	中国水利水电出版社 （北京市海淀区玉渊潭南路 1 号 D 座　100038） 网址：www. waterpub. com. cn E - mail：sales@waterpub. com. cn 电话：(010) 68367658（营销中心）	
经　　售	北京科水图书销售中心（零售） 电话：(010) 88383994、63202643、68545874 全国各地新华书店和相关出版物销售网点	
排　　版	中国水利水电出版社微机排版中心	
印　　刷	北京瑞斯通印务发展有限公司	
规　　格	184mm×260mm　16 开本　10 印张　237 千字	
版　　次	2011 年 5 月第 1 版　2019 年 1 月第 2 次印刷	
印　　数	3001—4000 册	
定　　价	**29.00 元**	

前言

　　本教材是高职高专土建类精品规划教材之一，是结合高职高专测绘类专业的教学需要而编写的。在本教材的编写过程中，根据高职高专学生实际情况和测量平差课程内容特点，尽量避开测量平差公式的繁琐推导和测量平差理论的深入分析，并运用大量的测量实例详细地说明测量平差方法的应用，力求理论与实践相结合。同时，在每一章的前面提出了明确的学习内容和要求，在每一章的后面附有一定量针对性较强的练习题，便于有效地组织开展教学工作，充分突出了实践性、实用性、先进性和技能性等特点。

　　本教材由湖北水利水电职业技术学院李行洋担任主编，并编写了第1章、第3章、第4章；湖北水利水电职业技术学院徐卫国担任副主编，并编写了第2章、第5章；杨凌职业技术学院田萍编写了第6章；湖北水利水电职业技术学院田福娟编写了第7章；湖北水利水电职业技术学院李珩编写了第8章；山西水利职业技术学院张维丽编写了第9章；武汉市房地产局别必鑫编写了第10章。全书由李行洋统稿。

　　武汉大学魏克让教授担任本书的主审，认真审阅了全书，并提出了许多宝贵的修改意见，在此表示感谢！

　　由于编者水平有限，不当之处在所难免，热忱希望使用本教材的教师及广大读者给予批评指正。

编者

2010 年 10 月

目 录

第1章 绪 论

学习目标：通过本章学习，了解观测误差的概念、测量误差的来源，熟悉测量误差的性质及其分类，理解测量平差的任务。

1.1 观 测 误 差

1.1.1 观测误差概念

用一定的测量仪器或工具，通过采用一定手段获得的反映地球与其他实体空间分布有关信息的数据，称为观测值。对于任何一个观测量来说，客观上总是存在一个能反映其真正大小的数值，这个数值称为观测量的真值或理论值。但在测量工作中，由于其他诸多因素的影响，某量的观测值与观测值之间、或观测值与其理论值之间总是存在一定的差异，这种差异称为误差。而常将该量的观测值与其理论值之间的差异称为真误差，用 Δ 表示。

若用 L 表示观测值，$\tilde{L}$ 表示真值，则该次观测值的真误差应为：

$$\Delta = \tilde{L} - L \tag{1.1}$$

1.1.2 观测误差来源

观测误差产生的原因是多种多样的，但概括起来主要有以下三个方面。

1. 仪器误差的影响

仪器误差可分为两个方面：一是由于仪器本身具有一定限度的准确度，由此观测所得的数据必然具有误差。例如，用只有厘米分划的水准尺进行水准测量时，就很难保证在厘米以下的读数准确无误。二是由于仪器本身具有一定的残余误差，也会给测量数据带来误差。例如，微倾式水准仪视准轴不平行于水准管轴而产生的 i 角误差，就会使水准尺上中丝读数不准确。

2. 观测者的影响

由于观测者感觉器官的鉴别能力有一定的局限性，所以在仪器安置、照准、读数等方面的操作过程中都会产生误差。同时，观测者的工作态度和技术水平，也会对观测成果质量有着直接影响。

3. 外界环境的影响

观测时所处的外界环境条件，如温度、湿度、风力、大气折光等因素也会对观测结果产生影响。同时，温度高低、湿度大小、风力强弱以及大气折光不同的变化，对观测结果的影响还会随之不同，因而在这样变化的客观环境下进行观测，就必然使观测的结果产生误差。

测量仪器、观测者和外界环境三方面的因素是引起误差的主要来源，常把这三方面的因素综合起来称为观测条件。一般来说，观测条件的好坏与观测成果的质量有着密切的联系。当观测条件好时，观测中产生的误差平均说来就可能相对小些，因而观测质量就会高些。反之，观测条件差时，观测中产生的误差平均说来就可能相对大些，因而观测成果的质量就会低些。如果观测条件相同，观测成果的质量也就可以说是相同的。所以说，观测条件的好坏决定了观测成果质量的高低。但是，不管观测条件如何，在整个观测过程中，观测结果总会受到上述因素的影响，从这个意义上来说，测量工作中的观测误差是不可避免的。

1.1.3　观测误差分类

根据观测误差对观测结果的影响性质，可将观测误差分为系统误差和偶然误差两种。

1. 系统误差

在相同的观测条件下进行一系列观测，如果误差在大小、符号上表现出系统性，或者在观测过程中按一定的规律变化，或者为某一常数，那么，这种误差就称为系统误差。

例如，水准仪的 i 角误差对水准尺读数的影响是随着仪器到标尺间的距离越远，其影响值越大，因此，水准仪的 i 角误差属于系统误差。又如，当用具有尺长误差的钢尺进行量距时，由尺长误差引起的距离误差也是与所测距离长度成比例地增加，距离越长，所积累的误差越大，这种误差也属于系统误差。

一般，系统误差具有累计性，对测量成果的影响或危害较大，应当设法消除或减弱它的影响，使其达到忽略不计的程度。常采用的方法主要有两种：一是在观测的过程中采取一定的观测程序或按照一定的观测要求进行观测以消除或削弱系统误差的影响，如在水准测量时尽可能使前后视距相等以消除水准仪 i 角误差对观测高差的影响；二是在观测结果中加入改正数以消除或削弱系统误差的影响，如对量距的钢尺预先进行检定，求出尺长误差，再对所量距离进行尺长改正，就可以减弱尺长误差对所量距离的影响。

2. 偶然误差

在相同的观测条件下进行一系列观测，如果误差在大小和符号上都表现出随机性，即从单个误差来看，其大小和符号没有规律性，但就大量误差的总体而言，具有一定的统计规律，这种误差称为偶然误差。

例如，观测时的照准误差、读数时的估读误差、测量时气候变化对观测数据产生的微小影响等，都属于偶然误差。

根据概率统计理论可知，如果各个误差项对其总和的影响都是均匀小，即其中没有一项比其他项的影响占绝对优势时，那么它们的总和将是服从或近似地服从正态分布的随机变量。因此，偶然误差就其总体而言，都具有一定的统计规律性，所以，有时又把偶然误差称为随机误差。

此外，在测量工作的整个过程中，除了上述两种性质的误差以外，还可能发生粗差或错误。粗差或错误，是指比在正常观测条件下可能出现的最大误差还要大的误差，例如读错数据、照错目标等。粗差或错误的发生，大多是由于工作中的粗心大意造成的。粗差或错误的存在不仅大大影响测量成果的可靠性，而且往往造成返工浪费，给工作带来难以估量的损失。因此，必须采取适当的方法和措施，要绝对保证观测结果中不存在粗差或错误。

通常情况下，对于某一观测量的观测值来说，系统误差与偶然误差总是同时存在的。

当观测值中有显著的系统误差时，偶然误差就居于次要地位，观测误差就呈现出系统的性质。反之，则呈现出偶然的性质。由于观测值中的系统误差常可以采取一定方法消除或减弱，因此可以认为最终的观测值中主要是存在着偶然误差。

1.2　测量平差的任务和内容

1.2.1　测量平差学科研究的对象

由于观测结果中不可避免地存在着偶然误差的影响，因此，在实际工作中，为了提高观测成果的质量，同时也为了检查和及时发现观测值中有无错误存在，通常要使观测值的个数多于未知量的个数，也就是要进行多余观测。例如，对一条导线边，丈量一次就可得出其长度，但实际上总要丈量两次或两次以上；又如一个平面三角形，只需要观测其中的两个内角即可决定它的形状，但通常是观测三个内角。由于偶然误差的存在，通过多余观测必然会发现在观测结果之间不相一致、或观测结果不符合应有关系而产生的不符值。

通常情况下，这些带有偶然误差的观测值都是一些随机变量，可以利用概率统计的方法来对观测结果进行分析研究。而研究如何对带有偶然误差的观测数据进行处理，以求得未知量的最佳估值，就是测量平差学科所要研究的内容。

1.2.2　测量平差的任务

测量平差，即是对带有偶然误差的测量数据进行调整。概括说来，测量平差的任务主要内容如下。

（1）对一系列带有偶然误差的观测值，运用概率统计的方法来消除它们之间的不符值，求出未知量的最可靠值。

（2）运用合理的方法来评定观测值以及未知量最可靠值的精度，也就是考核测量成果的质量。

1.2.3　本课程学习的主要内容

（1）偶然误差理论。包括偶然误差的概率特性、精度指标、权及协因数的定义、协方差及协因数传播规律等。

（2）测量平差函数模型和随机模型的概念。

（3）测量平差基本方法，包括条件平差法、附有未知参数的条件平差法、间接平差法、附有限制条件的间接平差法等。

（4）误差椭圆基本知识。

（5）近代平差方法。

（6）常用测量平差计算软件使用说明。

习　　题

1.1　观测条件是由那些因素构成的？它与观测结果的质量有什么联系？

1.2　观测误差分为哪几类？对观测结果有什么影响？试举例说明。

1.3　用钢尺丈量距离，有下列几种情况使得结果产生误差，试分别判定误差的性质及符号。

（1）尺长不准确。

（2）尺不水平。

（3）估读小数不准确。

（4）丈量时钢尺垂曲。

（5）尺端偏离直线方向。

1.4　在水准测量中，有下列几种情况使水准尺读数带有误差，试判断误差的性质及对读数的影响。

（1）视准轴与水准轴不平行。

（2）仪器下沉。

（3）读数时估读不准确。

（4）水准尺下沉。

（5）水准尺竖立不直。

第 2 章　精度指标与误差传播

学习目标：通过本章学习，了解偶然误差的统计特性，熟悉测量精度指标、权及协因数的概念，掌握协方差、协因数传播律及其在测量中的应用。

2.1　偶然误差的规律性

2.1.1　偶然误差的描述

由前可知，在相同的观测条件下，偶然误差是一种随机变量，就单个误差来讲，从表面上看其符号和大小没有规律，即呈现出一种偶然性（或随机性）；但就总体而言，却会呈现出一定的统计规律性，而且随着误差个数的增多这种规律性表现得越明显。根据概率论与数理统计理论，偶然误差是服从于正态分布的。下面通过实例来描述一组观测误差的分布情况。

设在相同的观测条件下，独立地观测了 358 个平面三角形三个内角，由于观测值有误差，三角形三内角和不等于 180°，则各三角形内角和的真误差为

$$\Delta_i = 180° - (L_1 + L_2 + L_3)_i \quad (i = 1, 2, 3, \cdots, 358) \tag{2.1}$$

1. 列表法

现将三角形内角和真误差出现的范围分成若干相同的小区域，每个区域长度为 $d\Delta = 0.2''$，将该组真误差按其绝对值大小排列，统计出误差落入各个区间的正、负误差个数 v_i，分别计算出其频率

$$f_i = \frac{v_i}{n}$$

式中：n 为误差总的个数；v_i 为落入 i 区间的误差个数。

统计结果列于表 2.1 中。

表 2.1

误差的区间 （″）	Δ 为负值			Δ 为正值			备　注
	个数 v_i	频率 v_i/n	$\dfrac{v_i/n}{d\Delta}$	个数 v_i	频率 v_i/n	$\dfrac{v_i/n}{d\Delta}$	
0.00～0.20	45	0.126	0.630	46	0.128	0.640	
0.20～0.40	40	0.112	0.560	41	0.115	0.575	
0.40～0.60	33	0.092	0.460	33	0.092	0.460	$d\Delta = 0.20''$；等于区间左端值的误差算入该区间内
0.60～0.80	23	0.064	0.320	21	0.059	0.295	
0.80～1.00	17	0.047	0.235	16	0.045	0.225	
1.00～1.20	13	0.036	0.180	13	0.036	0.180	

续表

误差的区间 (″)	Δ 为负值			Δ 为正值			备　注
	个数 ν_i	频率 ν_i/n	$\dfrac{\nu_i/n}{d\Delta}$	个数 ν_i	频率 ν_i/n	$\dfrac{\nu_i/n}{d\Delta}$	
1.20～1.40	6	0.017	0.085	5	0.014	0.070	dΔ = 0.20″；等于区间左 端值的误差算入该区间内
1.40～1.60	4	0.011	0.055	2	0.006	0.030	
1.600以上	0	0	0	0	0	0	
Σ	181	0.505		177	0.495		

从表 2.1 中可以看出，三角形内角和的真误差具有一些特点，如误差的绝对值有一定的限度，最大的误差不超过 1.60″；绝对值小的误差比绝对值大的误差多；绝对值相等的正、负误差出现的个数大致相近。

2. 直方图法

根据表 2.1 的数据，以误差 Δ 的数值为横坐标，以各区域内误差出现的频率除以区间的间隔值（即 $\dfrac{\nu_i/n}{d\Delta}$）为纵坐标绘制直方图，如图 2.1 所示，每一误差区间上的长方形面积表示的是误差在该区间内出现的相对个数。

从图 2.1 中也可看出，三角形内角和的真误差仍具有上述一些特点，所以直方图同样可以反映出误差的分布情况。

3. 误差分布曲线

在一定的观测条件下得到的一组独立误差，对应着一种确定的误差分布。当观测值总个数足够大时，出现在各区间内的误差频率就会稳定在某一常数附近。而当观测个数 $n \to \infty$ 时，误差出现在各区间的频率也就趋于一个完全确定的数值。如果此时把区间间隔无限缩小，图 2.1 中各个小长方条顶边的折线将变成一条光滑的曲线，如图 2.2 所示，该曲线称为误差的概率密度曲线或误差分布密度曲线，简称为误差曲线。随着 n 的增大，误差分布曲线以正态分布为其极限，而偶然误差的概率密度函数可表示为

$$f(\Delta) = \frac{1}{\sqrt{2\pi}\sigma} e^{-\frac{\Delta^2}{2\sigma^2}} \tag{2.2}$$

其中，σ 为 Δ 的中误差。

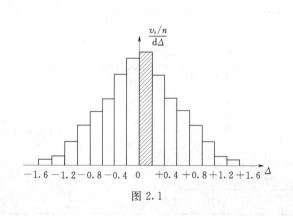

图 2.1

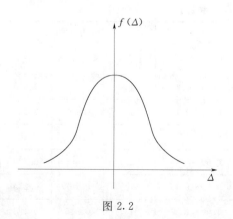

图 2.2

2.1.2 偶然误差的特征

通过以上讨论可以看出，偶然误差具有以下几个统计特性。

（1）在一定的观测条件下，偶然误差的绝对值有一定的限值，或偶然误差的绝对值大于某个数的概率为零。该特性称为偶然误差的有界性。

（2）绝对值较小的误差比绝对值较大的误差出现的概率大。该特性称为偶然误差的聚中性。

（3）绝对值相等的正、负误差出现的概率相同。该特性称为偶然误差的对称性。

（4）偶然误差的数学期望或偶然误差算术平均值的极限值为零，即

$$E(\Delta) = 0 \tag{2.3}$$

该特性称为偶然误差的抵偿性。

对于一系列的观测而言，不论其观测条件是好是差，也不论是对同一个量还是对不同的量进行观测，只要这些观测是在相同的条件下独立进行的，则所产生的一组偶然误差就必然都具有上述特性。

2.1.3 由偶然误差特性引出的两个测量依据

1. 制定测量限差的依据

由偶然误差的有界性可知，在一定的观测条件下，若仅有偶然误差的影响，误差的绝对值必定会小于一定的限值。因此，在实际工作中，就可依据观测条件确定一个误差限值，若观测值的误差绝对值小于该限值，即认为观测值合乎要求，否则，应剔除或重测。

2. 判断系统误差或粗差的依据

由偶然误差的对称性和抵偿性可知，误差的理论平均值应为零，即观测值的期望值应为其真值，观测值中不含有系统误差或粗差。若误差的理论平均值不为零，且数值较大，说明观测成果中可能含有系统误差或粗差。

2.2 观测量及观测向量的精度指标

2.2.1 精度、准确度、精确度概念

精度是指误差分布的密集或离散程度，也表示各观测结果与数学期望的接近程度。当观测值中仅含有偶然误差时，其数学期望就是真值，在这种情况下，精度描述了观测列与真值的接近程度，它反映了观测结果的偶然误差大小，是衡量偶然误差大小程度的指标。

一般来说，在一定的观测条件下进行的一组观测，它对应着一种确定不变的误差分布。如果分布较为密集，则表示该组观测质量较好，或观测质量较高；反之，如果分布较为离散，则表示该组观测质量较差，或观测质量较低。而对于相同观测条件下的每一个观测值，它们都是同精度观测值。

准确度又名准度，是指随机变量 X 的真值 $\tilde{X}$ 与其数学期望 $E(X)$ 之差，即

$$\varepsilon = \tilde{X} - E(X) \tag{2.4}$$

也是 $E(X)$ 的真误差，它反映了观测结果中系统误差大小的程度。当不存在系统误差时，$\varepsilon = 0$。

精确度是指精度和准确度的合成，是指观测结果与其真值的接近程度，包括观测结果与其数学期望的接近程度和数学期望与真值的偏差。因此，精确度反映了偶然误差和系统误差联合影响的大小程度，当不存在系统误差时，精确度就是精度。精确度是一个全面衡量观测质量的指标。

2.2.2 观测值的精度指标

衡量观测值的精度高低，可以把一组在相同观测条件下得到的误差组成误差分布表、绘直方图或画出误差分布曲线，并以此来说明问题。但在实际工作中，总希望能用具体的数字来反映误差分布密集或离散的程度，并将它作为衡量精度的指标。下面介绍几种常用的精度指标。

1. 方差和中误差

设有一组同精度的独立观测值，其相应的真误差为 Δ_1、Δ_2、$\cdots$、Δ_n，且服从正态分布，根据方差定义，其方差 $D(\Delta)$ 或 σ^2 应为

$$D(\Delta) = E(\Delta^2) = \int_{-\infty}^{+\infty} \Delta^2 f(\Delta)\,\mathrm{d}\Delta \tag{2.5}$$

或

$$D(\Delta) = E(\Delta^2) = \lim_{n \to \infty} \frac{[\Delta\Delta]}{n} \tag{2.6}$$

式中：[ ] 为取和的符号，$[\Delta\Delta]$ 表示 $\sum\limits_{i=1}^{n} \Delta_i^2$。

中误差是方差的算术平方根，用 σ 表示，测量中也常用 m 表示，即

$$\sigma = \sqrt{D(\Delta)} = \lim_{n \to \infty} \sqrt{\frac{[\Delta\Delta]}{n}} \tag{2.7}$$

上述方差和中误差公式都是在 $n \to \infty$ 的情况下定义的，是理论上的数值。但在实际工作中，观测次数总是有限的，一般只能得到方差和中误差的估计值。方差和中误差估计值的计算公式分别为

$$\hat{\sigma}^2 = \frac{[\Delta\Delta]}{n} \tag{2.8}$$

$$\hat{\sigma} = \sqrt{\frac{[\Delta\Delta]}{n}} \tag{2.9}$$

需要特别指出的是，在本书以后的文字叙述中，在不需要特别强调"估值"意义时，也将"中误差的估值"简称为"中误差"。

【例 2.1】 现用两架经纬仪分别对同一角度（已知其真值）各进行了 30 次观测，其观测真误差（单位为秒）分别如下。

第一架经纬仪：-0.8、$+1.5$、$+1.2$、-1.5、$+1.6$、-1.6、-2.5、$+1.9$、
$\quad\quad\quad\quad\quad$ $+1.2$、-1.2、-3.0、-1.1、-1.4、$+2.4$、-1.7、-1.3、
$\quad\quad\quad\quad\quad$ -2.0、-2.5、$+1.1$、$+0.8$、$+0.7$、$+1.2$、-0.5、-1.3、
$\quad\quad\quad\quad\quad$ $+1.0$、-1.2、$+1.3$、$+2.0$、-0.6、-1.8

第二架经纬仪：$+1.5$、$+1.0$、$+0.8$、-1.1、$+0.6$、$+1.1$、$+0.2$、-0.3、
$\quad\quad\quad\quad\quad$ -0.5、$+0.6$、-2.0、-0.7、-0.8、-1.2、$+0.2$、-0.3、

$$+0.6、+0.8、-0.3、-0.9、-1.1、-0.4、-1.0、-0.5、$$
$$+0.2、+0.3、+1.8、+0.6、-1.1、-1.3$$

试比较这两架经纬仪的测量精度。

解： $\hat{\sigma}_1 = \sqrt{\dfrac{(-0.8)^2 + (+1.5)^2 + (+1.2)^2 + \cdots + (-0.6)^2 + (-1.8)^2}{30}} = 1.58''$

$\hat{\sigma}_2 = \sqrt{\dfrac{(+1.5)^2 + (+1.0)^2 + (+0.8)^2 + \cdots + (-1.1)^2 + (-1.3)^2}{30}} = 0.93''$

因为 $\hat{\sigma}_1 > \hat{\sigma}_2$，故第二架经纬仪观测精度高。

2. 极限误差

由偶然误差的有界性可知，在一定的观测条件下，偶然误差的大小不会超过一定的界限。而实际工作中，如在进行三角测量或水准测量时，也常规定了某些观测误差的最大限值。这些限差值是如何确定的呢？根据概率论有关理论，绝对值大于一倍中误差的偶然误差出现的概率为 31.7%，绝对值大于二倍中误差的偶然误差出现的概率为 4.5%，而绝对值大于三倍中误差的偶然误差出现的概率仅为 0.3%。由此可见，大于三倍中误差的偶然误差出现的概率非常小，是属于小概率事件，在一次观测中可认为是不可能发生的事件。因此，通常以三倍中误差作为偶然误差的极限误差，即

$$\Delta_{\text{限}} = 3\sigma \tag{2.10}$$

实践中，若对观测要求较严，也有采用二倍中误差作为极限误差的，即

$$\Delta_{\text{限}} = 2\sigma \tag{2.11}$$

在测量工作中，如果某误差超过了极限误差，可以认为该次观测值是错误的，需要将该次观测值舍去不用或进行必要的重测。

3. 相对误差

对于某些观测结果，有时单靠中误差还不能完全说明观测结果的好坏。例如，在相同观测条件下，用尺子丈量两段距离，一段为 1000m，一段为 500m，两段距离的中误差都为 2.0cm，虽然两者中误差相同，但由于距离不同，就同一单位长度而言，两者的精度就不一样。此时，需要采用相对中误差作为衡量精度的指标。相对中误差是中误差与观测值之比，它是一个无量纲的数，常用分子为 1、分母为整数 N 的分数形式表示，即

$$k = \frac{\sigma}{S} = \frac{1}{N} \tag{2.12}$$

在上述的例子中，第一段距离的相对中误差为 $\dfrac{1}{50000}$，而第二段距离的相对中误差为 $\dfrac{1}{25000}$，故第一段距离丈量精度高。

2.2.3 观测向量的精度指标

1. 观测量间的协方差

设有两观测量 L_i、L_j，当两观测量之间不再独立，即两观测量之间的误差相关时，可以用协方差 D_{ij} 或 σ_{ij} 来描述两观测量间的相关程度，其定义式为

$$\sigma_{ij} = E\{[L_i - E(L_i)][L_j - E(L_j)]\} = \sigma_{ji} \tag{2.13}$$

或

$$\sigma_{ij} = \lim_{n \to \infty} \frac{[\Delta_i \Delta_j]}{n} \tag{2.14}$$

而协方差估值的计算式为

$$\hat{\sigma}_{ij} = \frac{[\Delta_i \Delta_j]}{n} \tag{2.15}$$

当 $\sigma_{ij} = 0$ 时，表示两观测量 L_i 和 L_j 间的误差互不影响，或者说，它们的误差是不相关的，对于正态分布的随机变量而言，也可称两观测值为独立观测值。当 $\sigma_{ij} \neq 0$ 时，表示两观测量 L_i 和 L_j 是相关的，不相互独立，即为相关观测值。若 σ_{ij} 为正值，表示正相关；若 σ_{ij} 为负值，表示负相关。

2. 观测向量的精度

若有观测量 L_1，L_2，$\cdots$，L_n，可将它们表示成一个向量 $L = (L_1, L_2, \cdots, L_n)^{\mathrm{T}}$，称为观测向量。观测向量的精度一般用方差－协方差矩阵 D_{LL} 表示，简称方差阵。方差阵 D_{LL} 中既有各个观测量的方差，也有两观测量之间的协方差。观测向量方差阵的具体形式为

$$D_{LL} = \begin{bmatrix} \sigma_1^2 & \sigma_{12} & \cdots & \sigma_{1n} \\ \sigma_{21} & \sigma_2^2 & \cdots & \sigma_{2n} \\ \vdots & \vdots & \vdots & \vdots \\ \sigma_{n1} & \sigma_{n2} & \cdots & \sigma_n^2 \end{bmatrix} \tag{2.16}$$

方差阵是对称阵，阵中 $\sigma_{ij} = \sigma_{ji}$，如 $\sigma_{12} = \sigma_{21}$，$D_{LL}$ 中主对角线上的元素为相应观测量的方差，其余元素为两个观测量间相应的协方差。如果观测量间两两互不相关，则 D_{LL} 中所有非对角线元素 $\sigma_{ij} = 0$，D_{LL} 为对角阵，即

$$D_{LL} = \begin{bmatrix} \sigma_1^2 & 0 & \cdots & 0 \\ 0 & \sigma_2^2 & \cdots & 0 \\ \vdots & \vdots & \vdots & \vdots \\ 0 & 0 & \cdots & \sigma_n^2 \end{bmatrix} \tag{2.17}$$

2.3　协方差传播律

在实际工作中，许多量并不是直接测定，而是由直接观测值通过一定的函数关系式间接计算得到的。例如，水准测量中待求点的高程是由观测高差计算得到的，三角网中未知点的坐标是由观测角和观测边按一定函数关系计算得到的。阐述直接观测值方差与间接观测值方差间关系的定律称为协方差传播定律。

2.3.1　观测值线性函数的方差

1. 倍数函数

设有函数

$$z = kx \tag{2.18}$$

式中：k 为没有误差的常数；x 为观测值。

现用 Δ_z、Δ_x 分别表示 z 和 x 的真误差，由式（2.18）可得

$$\Delta_z = k\Delta_x \tag{2.19}$$

设 x 同精度多次观测值为 x_1，x_2，$\cdots$，x_n，其对应真误差分别为 Δ_{x1}，Δ_{x2}，$\cdots$，Δ_{xn}，x 的方差为 σ_x^2。由 Δ_{xi} 引起的 z 的真误差 Δ_{zi} 为

$$\Delta_{zi} = k\Delta_{xi}$$

将上式两边平方，得

$$\Delta_{zi}^2 = k^2\Delta_{xi}^2$$

两边分别求和，得

$$[\Delta_z^2] = k^2[\Delta_x^2]$$

两边再同时除以 n，有

$$\frac{[\Delta_z^2]}{n} = k^2 \frac{[\Delta_x^2]}{n}$$

当 $n \to \infty$ 时，两边取极限

$$\lim_{n \to \infty} \frac{[\Delta_z^2]}{n} = k^2 \lim_{n \to \infty} \frac{[\Delta_x^2]}{n}$$

根据方差定义，得

$$\sigma_z^2 = k^2\sigma_x^2$$

或

$$\sigma_z = k\sigma_x \tag{2.20}$$

即观测值与一常数乘积的中误差，等于观测值中误差乘以该常数。

【例 2.2】 在 $1:500$ 的地形图上，量得某两点间的距离 $d=23.4\text{mm}$，d 的量测中误差为 $\sigma_d = 0.2\text{mm}$，求两点间的实地距离 S 和其精度 σ_S。

解：
$$S = 500d = 500 \times 23.4 = 11700\text{mm} = 11.7\text{m}$$
$$\sigma_S = 500\sigma_d = 500 \times 0.2 = 100\text{mm} = 0.1\text{m}$$

最后写成：
$$S = 11.7\text{m} \pm 0.1\text{m}$$

2. 和或差函数

设有函数

$$z = x \pm y \tag{2.21}$$

式中：x、y 为独立观测值。

设 Δ_x、Δ_y、Δ_z 分别表示 x、y、z 的真误差，代入式（2.21），可得

$$\Delta_z = \Delta_x \pm \Delta_y \tag{2.22}$$

对于 x、y 的第 i 次观测，有

$$\Delta_{zi} = \Delta_{xi} \pm \Delta_{yi} \quad (i = 1,2,\cdots,n)$$

将上式两边同时平方，得

$$\Delta_{zi}^2 = \Delta_{xi}^2 + \Delta_{yi}^2 \pm 2\Delta_{xi}\Delta_{yi}$$

两边分别求和，并同时除以 n，得

$$\frac{[\Delta_z^2]}{n} = \frac{[\Delta_x^2]}{n} + \frac{[\Delta_y^2]}{n} \pm 2\frac{[\Delta_x\Delta_y]}{n}$$

根据方差和协方差定义，并考虑到观测值 x、y 是相互独立，协方差 $\sigma_{xy} = 0$，有

$$\sigma_z^2 = \sigma_x^2 + \sigma_y^2 \tag{2.23}$$

即两独立观测值和或差函数的方差，等于两独立观测值方差之和。

一般情况下，当 x_1，x_2，$\cdots$，x_n 为两两相互独立的观测值时，若 $z = x_1 \pm x_2 \pm x_3 \pm \cdots \pm x_n$，则同样可推导出：

$$\sigma_z^2 = \sigma_{x_1}^2 + \sigma_{x_2}^2 + \cdots + \sigma_{x_n}^2 \tag{2.24}$$

即 n 个独立观测值代数和的方差，等于各观测值方差之和。

特殊情况下，当各独立观测值的精度相同时，设其中误差均为 σ，则

$$\sigma_z^2 = n\sigma^2$$

或

$$\sigma_z = \sqrt{n}\,\sigma \tag{2.25}$$

3. 一般线性函数

设有线性函数：

$$z = k_1 x_1 \pm k_2 x_2 \pm k_3 x_3 \pm \cdots \pm k_n x_n \tag{2.26}$$

其中，k_1，k_2，$\cdots$，k_n 为常数，而 x_1，x_2，$\cdots$，x_n 均为两两相互独立的观测值，它们的中误差分别为 σ_1，σ_2，$\cdots$，σ_n。由倍乘函数及和差函数的中误差传播律，可得出一般函数的中误差传播律为

$$\sigma_z^2 = k_1^2 \sigma_1^2 + k_2^2 \sigma_2^2 + \cdots k_n^2 \sigma_n^2 \tag{2.27}$$

即常数与独立观测值乘积的代数和的中误差的平方，等于各常数与相应的独立观测值中误差乘积的平方和。

【例 2.3】　设 x 是独立观测值 L_1、L_2、L_3 的函数，$x = \dfrac{1}{7} L_1 + \dfrac{2}{7} L_2 + \dfrac{4}{7} L_3$，已知 L_1、L_2 和 L_3 的中误差分别为 $\sigma_1 = 3\text{mm}$、$\sigma_2 = 2\text{mm}$ 和 $\sigma_3 = 1\text{mm}$，求函数 x 的中误差。

解：因为 L_1、L_2 和 L_3 是独立观测值，所以有

$$\sigma_x^2 = \left(\frac{1}{7}\right)^2 \sigma_1^2 + \left(\frac{2}{7}\right)^2 \sigma_2^2 + \left(\frac{4}{7}\right)^2 \sigma_3^2 = 0.84$$

$$\sigma_x = 0.9\text{mm}$$

上述线性函数方差传播定律，也可写成矩阵形式。

设有独立观测值 x_1，x_2，$\cdots$，x_n，k_1，k_2，$\cdots$，k_n 为常数，并令 $K = [k_1,\ k_2,\ \cdots,\ k_n]$，$X = [x_1,\ x_2,\ \cdots,\ x_n]^\mathrm{T}$，则式（2.26）可以写成以下矩阵形式

$$Z = KX \tag{2.28}$$

若设观测值的方差阵为

$$D_{XX} = \begin{bmatrix} \sigma_1^2 & 0 & \cdots & 0 \\ 0 & \sigma_2^2 & \cdots & 0 \\ \vdots & \vdots & \vdots & \vdots \\ 0 & 0 & \cdots & \sigma_n^2 \end{bmatrix}$$

则可根据方差定义，推导出线性函数 z 的方差 D_{ZZ} 为

$$D_{ZZ} = \sigma_z^2 = K D_{XX} K^\mathrm{T} \tag{2.29}$$

一般情况下，设有观测值 x_1，x_2，$\cdots$，x_n 的函数

$$Z = KX + k_0$$

式中：K 为常数向量；k_0 为无误差的常数。

若观测值间不独立，此时式（2.29）中 D_{XX} 必须顾及到各观测值间的协方差，设观测向量 X 的协方差阵为

$$D_{XX} = \begin{bmatrix} \sigma_1^2 & \sigma_{12} & \cdots & \sigma_{1n} \\ \sigma_{21} & \sigma_2^2 & \cdots & \sigma_{2n} \\ \vdots & \vdots & \vdots & \vdots \\ \sigma_{n1} & \sigma_{n2} & \cdots & \sigma_n^2 \end{bmatrix} \tag{2.30}$$

仍可根据方差定义得到函数的方差 D_{ZZ} 为

$$D_{ZZ} = \sigma_z^2 = KD_{XX}K^{\mathrm{T}} \tag{2.31}$$

将上式（2.31）展开成纯量形式，得

$$\sigma_z^2 = k_1^2\sigma_1^2 + k_2^2\sigma_2^2 + \cdots k_n^2\sigma_n^2 + 2k_1k_2\sigma_{12} + 2k_1k_3\sigma_{13}$$
$$+ \cdots + 2k_1k_n\sigma_{1n} + \cdots + 2k_{n-1}k_n\sigma_{(n-1)n} \tag{2.32}$$

式（2.31）、式（2.32）是计算线性函数方差的一般公式，不论观测量间是否相关，公式都可适用。因此，通常将式（2.31）、式（2.32）诸式称为线性函数协方差传播律。

【例 2.4】 设观测角 β_1 和 β_2 的中误差为 $\sigma_1 = \sigma_2 = 1.4''$，协方差为 $\sigma_{12} = -1('')^2$，求 $x = \alpha - \beta_1 - \beta_2$ 的中误差 σ_x，其中 α 无误差。

解： 由于 $x = \alpha - \beta_1 - \beta_2 = \begin{bmatrix} -1 & -1 \end{bmatrix} \begin{bmatrix} \beta_1 \\ \beta_2 \end{bmatrix} + \alpha = K\beta + \alpha$

这里向量

$$\beta = \begin{bmatrix} \beta_1 \\ \beta_2 \end{bmatrix}, \quad K = \begin{bmatrix} -1 & -1 \end{bmatrix}$$

而

$$D_{\beta\beta} = \begin{bmatrix} \sigma_1^2 & \sigma_{12} \\ \sigma_{21} & \sigma_2^2 \end{bmatrix} = \begin{bmatrix} 1.96 & -1 \\ -1 & 1.96 \end{bmatrix}$$

所以

$$\sigma_x^2 = KD_{\beta\beta}K^{\mathrm{T}} = \begin{bmatrix} -1 & -1 \end{bmatrix} \begin{bmatrix} 1.96 & -1 \\ -1 & 1.96 \end{bmatrix} \begin{bmatrix} -1 \\ -1 \end{bmatrix} = 1.92('')^2$$

$$\sigma_x = 1.4''$$

4. 多个观测值线性函数的协方差阵

设有观测值向量 X，其方差阵为 D_{XX}，若有 X 的 r 个线性函数

$$\begin{aligned}
Y_1 &= f_{11}X_1 + f_{12}X_2 + \cdots + f_{1n}X_n + f_{10} \\
Y_2 &= f_{21}X_1 + f_{22}X_2 + \cdots + f_{2n}X_n + f_{20} \\
\vdots \quad & \qquad \vdots \qquad \vdots \qquad \vdots \qquad \vdots \qquad \vdots \\
Y_r &= f_{r1}X_1 + f_{r2}X_2 + \cdots + f_{rn}X_n + f_{r0}
\end{aligned} \tag{2.33}$$

记

$$Y = \begin{bmatrix} Y_1 \\ Y_2 \\ \vdots \\ Y_r \end{bmatrix} \quad F = \begin{bmatrix} f_{11} & f_{12} & \cdots & f_{1n} \\ f_{21} & f_{22} & \cdots & f_{2n} \\ \vdots & \vdots & \vdots & \vdots \\ f_{rq} & f_{r2} & \cdots & f_{rn} \end{bmatrix} \quad F_0 = \begin{bmatrix} f_{10} \\ f_{20} \\ \vdots \\ f_{r0} \end{bmatrix}$$

则式（2.33）写成矩阵形式为

$$Y = FX + F_0 \tag{2.34}$$

按协方差传播律，Y 的协方差阵为

$$\mathop{D_{YY}}\limits_{rr} = \mathop{F}\limits_{rn} \mathop{D_{XX}}\limits_{nn} \mathop{F^{\mathrm{T}}}\limits_{nr} \tag{2.35}$$

又设有 X 的 t 个线性函数

$$Z_1 = k_{11} X_1 + k_{12} X_2 + \cdots + k_{1n} X_n + k_{10}$$
$$Z_2 = k_{21} X_1 + k_{22} X_2 + \cdots + k_{2n} X_n + k_{20}$$
$$\vdots \qquad \vdots \qquad \vdots \qquad \vdots \qquad \vdots \qquad \vdots$$
$$Z_t = k_{t1} X_1 + k_{t2} X_2 + \cdots + k_{tn} X_n + k_{t0}$$

写成矩阵形式

$$Z = KX + K_0 \tag{2.36}$$

式中　Z 为函数向量；X 为观测值向量；K 为 X 的系数阵；K_0 为常数项阵。

则 Y 关于 Z 的互协方差阵为

$$\mathop{D_{YZ}}\limits_{rt} = \mathop{F}\limits_{rn} \mathop{D_{XX}}\limits_{nn} \mathop{K^{\mathrm{T}}}\limits_{nt} \tag{2.37}$$

因为

$$D_{YZ} = D_{ZY}^{\mathrm{T}}$$

所以

$$\mathop{D_{ZY}}\limits_{tr} = \mathop{K}\limits_{tn} \mathop{D_{XX}}\limits_{nn} \mathop{F^{\mathrm{T}}}\limits_{nr} \tag{2.38}$$

【例 2.5】　设有函数 $\mathop{Z}\limits_{t1} = \mathop{F_1}\limits_{tn}\mathop{X}\limits_{n1} + \mathop{F_2}\limits_{tr}\mathop{Y}\limits_{r1}$，已知 X 和 Y 的协方差阵分别 $\mathop{D_{XX}}\limits_{nn}$、$\mathop{D_{YY}}\limits_{rr}$，$X$ 关于 Y 的互协方差阵为 $\mathop{D_{XY}}\limits_{nr}$，求 Z 的方差阵 $\mathop{D_{ZZ}}\limits_{tt}$ 和 Z 关于 X、Y 的互协方差阵 $\mathop{D_{ZX}}\limits_{tn}$ 和 $\mathop{D_{ZY}}\limits_{tr}$。

解：根据题意

$$Z = \begin{bmatrix} F_1 & F_2 \end{bmatrix} \begin{bmatrix} X \\ Y \end{bmatrix}, \ X = \begin{bmatrix} 1 & 0 \end{bmatrix} \begin{bmatrix} X \\ Y \end{bmatrix}, \ Y = \begin{bmatrix} 0 & 1 \end{bmatrix} \begin{bmatrix} X \\ Y \end{bmatrix}$$

根据协方差传播定律，得

$$D_{ZZ} = \begin{bmatrix} F_1 & F_2 \end{bmatrix} \begin{bmatrix} D_{XX} & D_{XY} \\ D_{YX} & D_{YY} \end{bmatrix} \begin{bmatrix} F_1 \\ F_2 \end{bmatrix}$$

即

$$D_{ZZ} = F_1 D_{XX} F_1^{\mathrm{T}} + F_1 D_{XY} F_2^{\mathrm{T}} + F_2 D_{YX} F_1^{\mathrm{T}} + F_2 D_{YY} F_2^{\mathrm{T}}$$

同样，可得

$$D_{ZX} = F_1 D_{XX} + F_2 D_{YX}$$
$$D_{ZY} = F_1 D_{XY} + F_2 D_{YY}$$

2.3.2　非线性函数的方差

设有观测值的非线性函数

$$Z = f(x_1, x_2, \cdots, x_n) \tag{2.39}$$

令 $X = (x_1, x_2, \cdots, x_n)^{\mathrm{T}}$，并设它们的方差阵为

$$D_{XX} = \begin{bmatrix} \sigma_1^2 & \sigma_{12} & \cdots & \sigma_{1n} \\ \sigma_{21} & \sigma_2^2 & \cdots & \sigma_{2n} \\ \vdots & \vdots & \vdots & \vdots \\ \sigma_{n1} & \sigma_{n2} & \cdots & \sigma_n^2 \end{bmatrix}$$

当 x_i 具有真误差 Δ_{x_i} 时，则函数 Z 随之产生真误差 Δ_Z，通常真误差 Δ 只是一个很小的量值。为此，对函数求全微分，并用真误差 Δ_Z、Δ_{x_i} 分别代替微分量 $\mathrm{d}Z$、$\mathrm{d}x_i$，即得

$$\Delta_Z = \frac{\partial f}{\partial x_1} \Delta_{x_1} + \frac{\partial f}{\partial x_2} \Delta_{x_2} + \cdots + \frac{\partial f}{\partial x_n} \Delta_{x_n} \tag{2.40}$$

式中 $\dfrac{\partial f}{\partial x_i}$ 为函数对观测量 x_i 的偏导数，可将各个观测值代入算出数值，它们均为常数。

设

$$k_i = \frac{\partial f}{\partial x_i}$$

代入式（2.40），得

$$\Delta_Z = k_1 \Delta_{x1} + k_2 \Delta_{x2} + \cdots + k_n \Delta_{xn} \tag{2.41}$$

这样，就可以按照一般线性函数方差传播律公式来计算函数方差。

而对于观测量的多个非线性函数，通常分别是对每一个函数求全微分，将非线性函数转化为线性函数，再采用协方差传播定律进行计算。

2.3.3 协方差传播律的应用步骤

实际工作中，协方差传播律的应用主要有以下步骤。

（1）根据具体测量问题，分析写出函数表达式 $Z = f(x_1, x_2, \cdots, x_n)$。

（2）写出观测量的协方差阵 D_{XX}。

（3）如果函数是非线性的，则对函数式求全微分进行线性化。写出函数真误差关系式

$$\Delta_Z = \frac{\partial f}{\partial x_1} \Delta_{x_1} + \frac{\partial f}{\partial x_2} \Delta_{x_2} + \cdots + \frac{\partial f}{\partial x_n} \Delta_{x_n}$$

（4）按协方差传播律计算函数的方差。

【例 2.6】 已知长方形的厂房，经过测量，其长 x 的观测值为 90m，宽 y 的观测值为 50m，它们的中误差分别为 2mm、3mm，求其面积及相应的中误差。

解： 矩形面积计算的函数式为：$S = xy$

其面积为：$S = xy = 90 \times 50 = 4500 \mathrm{m}^2$

对面积表达式进行全微分，得

$$\mathrm{d}S = y\mathrm{d}x + x\mathrm{d}y$$

转化为真误差形式为

$$\Delta_S = y\Delta_x + x\Delta_y$$

根据协误差传播定律，可得

$$\sigma_S^2 = y^2 \sigma_x^2 + x^2 \sigma_y^2$$

将 x，y，σ_x，σ_y 的数值代入，注意单位的统一，可得

$$\sigma_S^2 = 50000^2 \times 2^2 + 90000^2 \times 3^2 = 8.29 \times 10^{10}\,\text{mm}^4$$

而面积中误差为

$$\sigma_S = 2.88 \times 10^5\,\text{mm}^2 \approx 0.29\,\text{m}^2$$

2.4　协方差传播律在测量上的应用

2.4.1　水准测量的精度

经 N 个测站测定 A、B 两水准点间的高差，其中第 i 站的观测高差为 h_i，则 A、B 两水准点间的总高差 h_{AB} 为

$$h_{AB} = h_1 + h_2 + \cdots + h_N \tag{2.42}$$

设各测站观测高差是精度相同的独立观测值，其中误差均为 $\sigma_{站}$。当顾及 $\sigma_{ij}=0$，则可由协方差传播律求得 h_{AB} 的方差 $\sigma_{h_{AB}}^2$ 为

$$\sigma_{h_{AB}}^2 = \sigma_{站}^2 + \sigma_{站}^2 + \cdots + \sigma_{站}^2 = N\sigma_{站}^2$$

由此得中误差 $\sigma_{h_{AB}}$

$$\sigma_{h_{AB}} = \sqrt{N}\sigma_{站} \tag{2.43}$$

由上式可知，当各测站高差的观测精度相同时，水准测量高差的中误差与测站数的平方根成正比。

若水准路线敷设在平坦地区，各测站的距离 s 大致相等，设 A、B 两点间的距离为 S，则测站数 $N=S/s$，代入式（2.43）得

$$\sigma_{h_{AB}} = \sqrt{\frac{S}{s}}\sigma_{站}$$

如果 S、s 均以公里为单位，则一公里的测站数为

$$N_{公里} = \frac{1}{s}$$

而一公里观测高差的中误差为

$$\sigma_{公里} = \sqrt{\frac{1}{s}}\sigma_{站}$$

所以，距离为 S 公里的 A、B 两点的观测高差的中误差为

$$\sigma_{h_{AB}} = \sqrt{S}\sigma_{公里} \tag{2.44}$$

由上式可知，当各测站的距离大致相等时，水准测量高差的中误差与距离的平方根成正比。

2.4.2　导线边方位角的精度

一条支导线，以相同的精度测得 n 个转折角（左角）β_1，β_2，$\cdots$，β_n，它们的中误差均为 σ_{β}。如图 2.3，第 n 条导线边的坐标方位角为

$$\alpha_n = \alpha_0 + \beta_1 + \beta_2 + \cdots + \beta_n \pm n \times 180° \tag{2.45}$$

式中：α_0 为已知坐标方位角，设为无误差，则第 n 条边的坐标方位角的中误差为

$$\sigma_{\alpha_n} = \sqrt{n}\sigma_{\beta} \tag{2.46}$$

由上式可知，支导线中第 n 条导线边的坐标方位角的中误差，等于各转折角之中误差

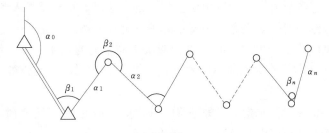

图 2.3

的 $\sqrt{n}$ 倍，n 为转折角的个数。

2.4.3 同精度独立观测值的算术平均值的精度

设对某量以同精度独立了观测了 N 次，得观测值 L_1，L_2，$\cdots$，L_N，它们的中误差均等于 σ。则 N 个观测值的算术平均值 x 为

$$x = \frac{[L]}{N} = \frac{1}{N}L_1 + \frac{1}{N}L_2 + \cdots + \frac{1}{N}L_N \tag{2.47}$$

由协方差传播律知，算术平均值 x 的方差为

$$\sigma_x^2 = \frac{1}{N^2}\sigma^2 + \frac{1}{N^2}\sigma^2 + \cdots + \frac{1}{N^2}\sigma^2 = \frac{\sigma^2}{N}$$

而中误差为

$$\sigma_x = \frac{\sigma}{\sqrt{N}} \tag{2.48}$$

由式（2.48）可知，N 个同精度独立观测值的算术平均值的中误差，等于各观测值的中误差除以 $\sqrt{N}$。

2.4.4 若干独立误差的联合影响

测量工作中经常会遇到这种情况：一个观测结果同时地受到许多独立误差的联合影响。例如测角时，就可能同时存在照准误差、读数误差、目标偏心误差和仪器偏心误差等误差的影响。在这种情况下，观测结果的真误差是各个独立误差的代数和，即

$$\Delta_Z = \Delta_1 + \Delta_2 + \cdots + \Delta_n \tag{2.49}$$

由于这里的真误差是相互独立的，各种误差的出现都是纯属偶然的，因而可顾及 $\sigma_{ij} = 0$ 而得出它们之间的方差关系式

$$\sigma_Z^2 = \sigma_1^2 + \sigma_2^2 + \cdots + \sigma_n^2 \tag{2.50}$$

由上式可知，观测结果的方差 σ_Z^2 等于各独立误差所对应的方差之和。

2.5 权与定权的常用方法

2.5.1 权的概念

方差是表征精度的一个绝对的数字指标。但在测量实际工作中，一方面在平差计算之前，观测值的方差常常是不知道的；另一方面，在一组不等精度的观测值中，由于观测值的精度不同，观测值的可靠程度也就不同，显然在数据处理时，就不能将这些观测值等同

看待，需要分析确定各观测值在计算中所占的比重。这里，有必要引入各观测值方差之间比例关系的数字指标，即权的概念。为了更好地理解权的概念，先看一个例子。

设对一个已知角 $A(A = 30°25'36'')$ 进行两次不同精度的观测，其观测值分别为 $A_1 = 30°25'34''$，$A_2 = 30°25'42''$，它们的中误差分别为 $2.0''$，$4.0''$，现在分析该角"最或是值"及其中误差的计算。

先假设将 A_1 和 A_2 等同看待，即它们在计算 A 角的最或是值时，所占的份数为 $1 : 1$，相当于把算术平均值作为 A 角的"最或是值"，则有

$$\hat{A} = \frac{A_1 + A_2}{2} = \frac{30°25'34'' + 30°25'42''}{2} = 30°25'38''$$

而此时 A 角"最或是值"的方差及中误差分别为

$$\sigma_{\hat{A}}^2 = \frac{1}{4}\sigma_{A_1}^2 + \frac{1}{4}\sigma_{A_2}^2 = \frac{1}{4} \times (2.0)^2 + \frac{1}{4} \times (4.0)^2 = 5('')^2$$

$$\sigma_A = 2.24''$$

由计算结果可知，按这种方法得到"最或是值"的中误差还没有观测值 A_1 的精度高，显然所求结果不是最或是值。因此，当观测值精度不相同时，不能用算术平均值作为 A 角的最或是值。

由于 A_1 的精度高于 A_2 的精度，从直观上分析可知，在数据处理时，A_1 所占比重应该比 A_2 所占比重大，假设它们的份量比为 $4 : 1$，则有

$$\hat{A} = \frac{4A_1 + A_2}{5} = 30°25'53.6''$$

$$\sigma_A = 1.79''$$

由此可见，这样处理的结果比前一种处理方法得到的结果要好，"最或是值"的精度要高一些。但若二者的比例进一步加大，"最或是值"的精度是否还会提高呢？假设它们的份量比为 $10 : 1$，经过计算可得出

$$\hat{A} = \frac{10A_1 + A_2}{11} = 30°25'34.7''$$

$$\sigma_A = 1.85''$$

可见，第三种方法得到的"最或是值"的精度还没有第二种处理方法的精度高，这就说明一个问题：如果观测值的精度不相同，在进行数据处理时，不能将观测值等同看待，而应该让精度高的观测值参与计算所占的比重大一些，精度低的观测值参与计算所占的比重小一些，并且二者的比重关系还必须适当。这个比重是权衡不同精度观测值在进行数据处理时所占份量的轻重，测量上常称它为权，并用符号 P 表示。

设某观测值 L_i 的方差为 σ_i^2，如选定任一常数 σ_0，则观测值对应的权定义式为

$$P_i = \frac{\sigma_0^2}{\sigma_i^2} \tag{2.51}$$

对于一组观测值，由权的定义式可写出各观测值的权之间的比例关系为

$$P_1 : P_2 : \cdots : P_n = \frac{\sigma_0^2}{\sigma_1^2} : \frac{\sigma_0^2}{\sigma_2^2} : \cdots : \frac{\sigma_0^2}{\sigma_n^2} = \frac{1}{\sigma_1^2} : \frac{1}{\sigma_2^2} : \cdots : \frac{1}{\sigma_n^2} \tag{2.52}$$

可见，对于一组观测值，其权之比等于相应方差的倒数之比，与所选定常数 σ_0 无关，

观测值的方差越小，其权越大；反之，观测值的方差越大，其权越小。因此，权可以作为比较观测值之间精度相对高低的一种指标。但要注意，为了使权能起到比较精度的作用，在同一个问题中只能选定一个 σ_0。

上例中，如设 $\sigma_0 = 4.0''$，则 $P_1 = 4$，$P_2 = 1$，即用 A_1 与 A_2 在计算 A 的最或是值时所采用比例应为 $4:1$。

2.5.2 单位权中误差

由权的定义式可知，$\sigma_0^2 = P_i \sigma_i^2$，当权 $P_i = 1$ 时，$\sigma_0 = \sigma_i$，也就是说 σ_0 是权为 1 的观测值的中误差。在测量中，权为 1 的观测值称为单位权观测值，与之相应的中误差称为单位权观测值中误差，简称单位权中误差，可见 σ_0 的真实意义就是单位权中误差，而 σ_0^2 称为单位权方差或方差因子。

2.5.3 测量上确定权的常用方法

在测量计算工作中，由于各观测值的中误差在平差计算前往往并不知道，因此也就无法采用权的定义式来计算观测值的权，而观测值的权又常常是平差计算中需要事先确定的。下面结合具体情况，介绍测量中定权的常用方法。

1. 水准测量的权

在图 2.4 所示的水准网中，有 $n = 7$ 条水准路线，现沿每一条路线测定两点间的高差，得各路线的观测高差为 h_1，h_2，$\cdots$，h_n，各路线的测站数分别为 N_1，N_2，$\cdots$，N_n。

设每一测站观测高差的精度相同，其中误差均为 $\sigma_{站}$，则各路线观测高差的中误差为

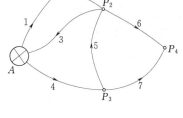

图 2.4

$$\sigma_i = \sqrt{N_i}\sigma_{站} \quad (i = 1,2,\cdots,n) \quad (2.53)$$

设 C 个测站高差中误差为单位权中误差，即

$$\sigma_0 = \sqrt{C}\sigma_{站} \quad (2.54)$$

如以 P_i 代表 h_i 的权，按权的定义公式可得

$$P_i = \frac{C}{N_i} \quad (i = 1,2,\cdots,n) \quad (2.55)$$

且有关系

$$P_1 : P_2 : \cdots : P_n = \frac{C}{N_1} : \frac{C}{N_2} : \cdots : \frac{C}{N_n} = \frac{1}{N_1} : \frac{1}{N_2} : \cdots : \frac{1}{N_n} \quad (2.56)$$

即：当各测站的观测高差为同精度时，各水准路线的观测高差的权与其测站数成反比。

在式（2.55）中，当 $N_i = 1$，则它的权为

$$P_i = C$$

而当 $P_i = 1$ 时，有

$$N_i = C$$

可见，这里常数 C 有两个意义：① C 是一测站的观测高差的权；② C 是单位权观测高差的测站数。

在水准测量中，如果已知 1km 的观测高差的中误差均相等，设为 σ_{km}，又已知各水准路线的长度分别为 S_1，S_2，$\cdots$，S_n(km)，则各路线观测高差的中误差为

$$\sigma_i = \sqrt{S_i}\sigma_{km} \tag{2.57}$$

若令 Ckm 观测高差的中误差为单位权中误差，即

$$\sigma_0 = \sqrt{C}\sigma_{km} \tag{2.58}$$

则根据权的定义式，有

$$P_i = \frac{C}{S_i} \quad (i=1,2,\cdots,n) \tag{2.59}$$

且有关系

$$P_1 : P_2 : \cdots : P_n = \frac{C}{S_1} : \frac{C}{S_2} : \cdots : \frac{C}{S_n} = \frac{1}{S_1} : \frac{1}{S_2} : \cdots : \frac{1}{S_n} \tag{2.60}$$

即：当每千米观测高差为同精度时，各水准路线观测高差的权与线路的千米数成反比。

在式（2.59）中，若 $S_i=1$ 时，则

$$P_i = C$$

而当 $P_i=1$ 时，有

$$S_i = C$$

可见，这里常数 C 也有两个意义：①C 是 1km 观测高差的权；②C 是单位权观测高差的线路千米数。

在水准测量中，究竟是用水准路线的长度 S 定权，还是用测站数 N 定权，这要视具体情况而定。一般说来，起伏不大的地区，每千米的测站数大致相同，则可用水准路线的长度定权；而在起伏较大的地区，每千米的测站数相差较大，则可用测站数定权。

【例 2.7】　设某水准网有 4 条水准路线，长度分别为 $S_1=3.0\text{km}$，$S_2=4.0\text{km}$，$S_3=6.0\text{km}$，$S_4=12.0\text{km}$。又设每千米观测高差的精度相同，已知第 4 条线路观测高差的权为 2，试求其他各线路的权，并指明单位权观测值。

解：因每千米观测高差精度相同，由 $P=\dfrac{C}{S}$，得

$$C = P_4 S_4 = 2 \times 12 = 24$$

所以

$$P_1 = \frac{C}{S_1} = \frac{24}{3} = 8$$

$$P_2 = \frac{C}{S_2} = \frac{24}{4} = 6$$

$$P_3 = \frac{C}{S_3} = \frac{24}{6} = 4$$

由于 $C=24$，故说明是以 24.0km 水准路线的高差为单位权观测值的。

2. 同精度观测值的算术平均值的权

设有 L_1，L_2，$\cdots$，L_n，它们分别为 N_1，N_2，$\cdots$，N_n 次同精度观测值的算术平均值，若每次观测的中误差均为 σ，则 L_i 的中误差为

$$\sigma_i = \frac{\sigma}{\sqrt{N_i}} \quad (i=1,2,\cdots,n) \tag{2.61}$$

令

$$\sigma_0 = \frac{\sigma}{\sqrt{C}}$$

则由权的定义，可得 L_i 的权 P_i 为

$$P_i = \frac{\sigma_0^2}{\sigma_i^2} = \frac{N_i}{C} \quad (i = 1, 2, \cdots, n) \tag{2.62}$$

即：由不同次数的同精度观测值所算得的算术平均值，其权与观测次数成正比。

在式（2.62）中，若令 $N_i = 1$，则 $C = \frac{1}{P_i}$；而当 $P_i = 1$ 时，则 $C = N_i$。所以，这里 C 也有两个意义：①C 是一次观测值的权倒数；②C 是单位权观测值的观测次数。

同样，C 可以任意确定，但不论 C 取何值，权的比例关系不会改变，而 C 一经确定，单位权观测值也就确定了。

【例 2.8】 现对三个角 L_1、L_2、L_3 同精度分别观测 3 个测回、6 个测回和 12 个测回。设单位权观测值的测回数为 3，试求：

（1）三个角平均值 $\hat{L}_1$、$\hat{L}_2$、$\hat{L}_3$ 的权。

（2）一个测回的权。

解：（1）由题意可知，$N_1 = 3$，$N_2 = 6$，$N_3 = 12$，而选 $C = 3$

所以：

$$P_{\hat{L}_1} = \frac{N_1}{C} = \frac{3}{3} = 1$$

$$P_{\hat{L}_2} = \frac{N_2}{C} = \frac{6}{3} = 2$$

$$P_{\hat{L}_3} = \frac{N_3}{C} = \frac{12}{3} = 4$$

（2）因为 $C = 3$，说明一个测回观测的权倒数为 3，所以一个测回的权为 1/3。

2.6 协因数和协因数传播律

2.6.1 协因数的概念

设有观测值 L_i 和 L_j，它们的方差分别为 σ_i^2 和 σ_j^2，它们之间的协方差为 σ_{ij}，定义：

$$\left.\begin{aligned} Q_{ii} &= \frac{1}{P_i} = \frac{\sigma_i^2}{\sigma_0^2} \\ Q_{jj} &= \frac{1}{P_j} = \frac{\sigma_j^2}{\sigma_0^2} \\ Q_{ij} &= \frac{\sigma_{ij}}{\sigma_0^2} \end{aligned}\right\} \tag{2.63}$$

称 Q_{ii} 和 Q_{jj} 分别为 L_i 和 L_j 的协因数或权倒数，而称 Q_{ij} 为 L_i 关于 L_j 的协因数（互协因数）或相关权倒数。式中，σ_0 仍然是单位权中误差。

由上述定义可以看出，观测值的协因数与方差成正比，因而协因数与权有类似作用，也是比较观测值精度相对高低的一种指标。互协因数与协方差成正比，是比较观测值之间相关程度的一种指标。互协因数的绝对值越大，表示观测值相关程度越高，反之越低。互协因数为正，表示观测值之间正相关；互协因数为负，表示观测值之间负相关；互协因数为零，表示观测值之间不相关，也称为独立观测值。

2.6.2　协因数阵和权阵

当一组观测值 L_1，L_2，$\cdots$，L_n 构成观测值向量 $\underset{n1}{L}$，每个观测值均有自己的协因数，任意两个观测值之间也有互协因数。设 $\underset{n1}{L}$ 的方差阵为 D_{LL}，单位权方差为 σ_0^2，则定义观测值向量 $\underset{n1}{L}$ 的协因数阵 Q_{LL} 为

$$Q_{LL} = \frac{1}{\sigma_0^2} D_{LL} \tag{2.64}$$

令 Q_{LL} 的形式为

$$Q_{LL} = \begin{bmatrix} Q_{11} & Q_{12} & \cdots & Q_{1n} \\ Q_{21} & Q_{22} & \cdots & Q_{2n} \\ \vdots & \vdots & \vdots & \vdots \\ Q_{n1} & Q_{n2} & \cdots & Q_{nn} \end{bmatrix} \tag{2.65}$$

在协因数阵中，主对角线上的元素分别为各个观测值的协因数（权倒数），非主对角线上的元素为相应观测值之间的互协因数（相关权倒数），且 $Q_{ij} = Q_{ji}$。

当观测值之间相互独立时，上式变为

$$Q_{LL} = \begin{bmatrix} Q_{11} & 0 & \cdots & 0 \\ 0 & Q_{22} & \cdots & 0 \\ \vdots & \vdots & \vdots & \vdots \\ 0 & 0 & \cdots & Q_{nn} \end{bmatrix} \tag{2.66}$$

在平差计算中，常常直接用协因数阵的逆阵参与运算。定义观测向量协因数阵的逆矩阵为观测向量的权阵，用 P 表示，即

$$P = Q^{-1} = \begin{bmatrix} Q_{11} & Q_{12} & \cdots & Q_{1n} \\ Q_{21} & Q_{22} & \cdots & Q_{2n} \\ \vdots & \vdots & \vdots & \vdots \\ Q_{n1} & Q_{n2} & \cdots & Q_{nn} \end{bmatrix}^{-1} = \begin{bmatrix} P_{11} & P_{12} & \cdots & P_{1n} \\ P_{21} & P_{22} & \cdots & P_{2n} \\ \vdots & \vdots & \vdots & \vdots \\ P_{n1} & P_{n2} & \cdots & P_{nn} \end{bmatrix} \tag{2.67}$$

显然，协因数阵与权阵互为逆阵，即 $Q = P^{-1}$。

从以上讨论中可以看出：对单个观测值来说，其相对精度指标为权或协因数，两者互为倒数；对观测值向量来说，其相对精度指标为权阵或协因数阵，两者也互为逆阵关系。需要指出的是，观测值的协因数均可在其观测向量的协因数阵中（主对角线上的元素）找出，而观测值的权不一定能在其观测向量协因数阵的逆阵（权阵）中找出，换句话说，权阵中主对角线上的元素并不一定是观测值的权。这要分两种情况来看，若观测值之间相互独立，权阵为对角阵，此时，主对角线上的元素为相应观测值的权；当观测值之间相互不独立时，权阵中的主对角线上的元素不再是相应观测值的权，其权阵的各个元素不再有权的意义。但若要求观测值的权，必须求出相应的协因数阵，再利用观测值的权与其协因数互为倒数的关系来计算。

2.6.3　协因数传播律

由于任意观测向量的协方差阵总是等于单位权方差因子乘以该向量的协因数阵得到，因此，根据协方差传播律，可以方便地得到观测向量函数的协因数阵的计算公式，即协因

数传播律。

设有观测值向量 X，已知它的协因数阵为 Q_{XX}，又设有 X 的线性函数 Y 和 Z

$$Y = FX + F^0$$

$$Z = KX + K^0$$

下面根据协方差传播律，来导出由 Q_{XX} 求 Q_{YY}、Q_{ZZ} 和 Q_{YZ} 的公式。

假定 X 的方差阵为 D_{XX}，单位权方差为 σ_0^2，则按协方差传播律知，Y 和 Z 的协方差阵分别为

$$\left.\begin{array}{l} D_{YY} = FD_{XX}F^{\mathrm{T}} \\ D_{ZZ} = KD_{XX}K^{\mathrm{T}} \end{array}\right\} \tag{2.68}$$

而 Y 关于 Z 的互协方差阵为

$$D_{YZ} = FD_{XX}K^{\mathrm{T}} \tag{2.69}$$

又因为

$$\left.\begin{array}{l} D_{XX} = \sigma_0^2 Q_{XX}, D_{YY} = \sigma_0^2 Q_{YY} \\ D_{ZZ} = \sigma_0^2 Q_{ZZ}, D_{YZ} = \sigma_0^2 Q_{YZ} \end{array}\right\}$$

所以

$$\left.\begin{array}{l} \sigma_0^2 Q_{YY} = F(\sigma_0^2 Q_{XX})F^{\mathrm{T}} \\ \sigma_0^2 Q_{ZZ} = K(\sigma_0^2 Q_{XX})K^{\mathrm{T}} \\ \sigma_0^2 Q_{YZ} = F(\sigma_0^2 Q_{XX})K^{\mathrm{T}} \end{array}\right\}$$

再将上式两边同时除以 σ_0^2，即得

$$\left.\begin{array}{l} Q_{YY} = FQ_{XX}F^{\mathrm{T}} \\ Q_{ZZ} = KQ_{XX}K^{\mathrm{T}} \\ Q_{YZ} = FQ_{XX}K^{\mathrm{T}} \end{array}\right\} \tag{2.70}$$

这就是观测值的协因数阵与其线性函数的协因数阵之间的关系式，通常称为协因数传播律，或称之为权逆阵传播律。

对于非线性函数的协因数计算，应先将函数式进行线性化，再用协因数传播律进行计算。

【例 2.9】 已知观测向量 X_1 和 X_2 的协因数阵 $Q_{X_1 X_1}$、$Q_{X_2 X_2}$ 及互协因数阵 $Q_{X_1 X_2}$，设有函数 $Y = FX_1$，$Z = KX_2$，其中，F、K 均是常数向量，试求 Y 关于 Z 的协因数阵 Q_{YZ}。

解：将 Y、Z 分别写成观测向量 X_1 和 X_2 的函数形式为

$$Y = \begin{bmatrix} F & 0 \end{bmatrix} \begin{bmatrix} X_1 \\ X_2 \end{bmatrix}$$

$$Z = \begin{bmatrix} 0 & K \end{bmatrix} \begin{bmatrix} X_1 \\ X_2 \end{bmatrix}$$

应用协因数传播定律，得

$$Q_{YZ} = \begin{bmatrix} F & 0 \end{bmatrix} \begin{bmatrix} Q_{X_1 X_1} & Q_{X_1 X_2} \\ Q_{X_1 X_2} & Q_{X_2 X_2} \end{bmatrix} \begin{bmatrix} 0 \\ K^{\mathrm{T}} \end{bmatrix}$$

即

$$Q_{YZ} = FQ_{X_1 X_2} K^{\mathrm{T}}$$

2.6.4　权倒数传播律

当观测值 L_1，L_2，$\cdots$，L_n 之间相互独立时，组成观测向量 L，其协因数阵为对角阵，即

$$Q_{LL} = \begin{bmatrix} Q_{11} & 0 & \cdots & 0 \\ 0 & Q_{22} & \cdots & 0 \\ \vdots & \vdots & \vdots & \vdots \\ 0 & 0 & \cdots & Q_{nn} \end{bmatrix} = \begin{bmatrix} \dfrac{1}{P_1} & 0 & \cdots & 0 \\ 0 & \dfrac{1}{P_2} & \cdots & 0 \\ \vdots & \vdots & \vdots & \vdots \\ 0 & 0 & \cdots & \dfrac{1}{P_n} \end{bmatrix}$$

设有独立观测值 L_i 的线性函数

$$Z = K_1 L_1 + K_2 L_2 + \cdots + K_n L_n$$

式中：K_i 为常数，现欲求函数 Z 的权。根据协因数传播律，有

$$Q_{ZZ} = \begin{bmatrix} K_1 & K_2 & \cdots & K_n \end{bmatrix} Q_{LL} \begin{bmatrix} K_1 \\ K_2 \\ \vdots \\ K_n \end{bmatrix}$$

$$= \begin{bmatrix} K_1 & K_2 & \cdots & K_n \end{bmatrix} \begin{bmatrix} \dfrac{1}{P_1} & 0 & \cdots & 0 \\ 0 & \dfrac{1}{P_2} & \cdots & 0 \\ \vdots & \vdots & \vdots & \vdots \\ 0 & 0 & \cdots & \dfrac{1}{P_n} \end{bmatrix} \begin{bmatrix} K_1 \\ K_2 \\ \vdots \\ K_n \end{bmatrix}$$

展开后，有

$$Q_{zz} = \frac{1}{P_z} = K_1^2 \frac{1}{P_1} + K_2^2 \frac{1}{P_2} + \cdots + K_n^2 \frac{1}{P_n} \tag{2.71}$$

该式即为独立观测值权倒数与其线性函数权倒数之间的关系式，通常称为权倒数传播律。显然，它是协因数传播律的一种特殊情况。

【例 2.10】 已知独立观测值 $L_i (i = 1, 2, \cdots, n)$ 的权均为 P，试求算术平均值 $X = \dfrac{1}{n} \sum\limits_{i=1}^{n} L_i$ 的权 P_X。

解：

$$X = \frac{1}{n} L_1 + \frac{1}{n} L_2 + \cdots + \frac{1}{n} L_n$$

根据权倒数传播律，有

$$\frac{1}{P_X} = \left(\frac{1}{n}\right)^2 \frac{1}{P_1} + \left(\frac{1}{n}\right)^2 \frac{1}{P_2} + \cdots + \left(\frac{1}{n}\right)^2 \frac{1}{P_n}$$

$$= \left(\frac{1}{n}\right)^2 \frac{1}{P} + \left(\frac{1}{n}\right)^2 \frac{1}{P} + \cdots + \left(\frac{1}{n}\right)^2 \frac{1}{P}$$

$$= \frac{1}{nP}$$

即

$$P_x = nP \tag{2.72}$$

由上式可知,算术平均值之权等于观测值之权的 n 倍。

2.7 由真误差计算中误差及其实际应用

2.7.1 由不同精度的真误差计算单位权中误差

对于一组同精度独立观测值 L_i,当其对应的真误差为 Δ_i,则观测值 L_i 的中误差估值应为

$$\hat{\sigma} = \sqrt{\frac{[\Delta\Delta]}{n}} \tag{2.73}$$

现设有一组不同精度的独立观测值 L_i,其对应的真误差为 Δ_i、中误差为 σ_i、权为 P_i,则有

$$\sigma_i^2 = \frac{\sigma_0^2}{P_i}$$

为了应用式(2.73)求单位权中误差,应需要得到一组精度相同且其权为1的独立的真误差。

令 $\Delta_i' = \sqrt{P_i}\Delta_i$,则可证明 $P_i' = 1$,可见 Δ_i' 是一组独立的同精度且权为1的真误差,此时 Δ_i' 的中误差等于单位权中误差。根据中误差定义式,有

$$\hat{\sigma}_0 = \sqrt{\frac{[P\Delta\Delta]}{n}} \tag{2.74}$$

2.7.2 由真误差计算中误差的实际应用

1. 由三角形闭合差求测角中误差

众所周知,平面三角形的三个内角之和的理论值为180°,因此,三角形闭合差的数值大小与三角形三个内角和真误差的数值大小相同。因三角网中的每一个角度都是同精度观测值,所以,每一个三角形的三个内角之和也是等精度的。

设三角形内角和的闭合差分别为 ω_1,ω_2,$\cdots$,ω_n。根据中误差定义,可得三角形内角和的中误差为:

$$\hat{\sigma}_\Sigma = \sqrt{\frac{[\omega\omega]}{n}} \tag{2.75}$$

式中:n 为三角形的个数。

设 Σ_i 为第 i 个三角形的三内角之和,即

$$\Sigma_i = \alpha_i + \beta_i + \lambda_i$$

若每一个角度观测值的中误差均为 σ_β,则由协方差转播律,有

$$\sigma_\Sigma = \sqrt{3}\sigma_\beta \tag{2.76}$$

将式(2.76)代入式(2.75),则测角中误差为

$$\hat{\sigma}_\beta = \sqrt{\frac{[\omega\omega]}{3n}} \tag{2.77}$$

此式称为菲列罗公式，常用于三角测量中初步评定测角精度。

2. 由双观测值之差求中误差

设对一组量 X_1，X_2，$\cdots$，X_n 各观测两次，得两组独立观测值

$$L_1'，\ L_2'，\ \cdots，\ L_n'$$
$$L_1''，\ L_2''，\ \cdots，\ L_n''$$

其中，L_i' 和 L_i'' 是对 X_i 的两次观测结果，称为观测对。假定同一观测对的两个观测值 L_i' 和 L_i'' 是同精度的，其权为 P_i。各观测对两次观测结果之差为

$$d_i = L_i' - L_i'' \quad (i = 1, 2, \cdots, n) \tag{2.78}$$

而对应的权为

$$P_{d_i} = \frac{P_i}{2} \tag{2.79}$$

若观测值不含误差，则各观测对两观测值之差 d_i 应为零，亦即观测对内双观测值之差数的真值为 0。

设 Δd_i 为各差数的真误差，则

$$\Delta d_i = 0 - d_i = - d_i \tag{2.80}$$

由中误差的定义，得单位权中误差为

$$\hat{\sigma}_0 = \sqrt{\frac{[P_d dd]}{n}} \tag{2.81a}$$

或

$$\hat{\sigma}_0 = \sqrt{\frac{[Pdd]}{2n}} \tag{2.81b}$$

设第 i 个量的观测值的中误差为 $\hat{\sigma}_{L_i}$，有

$$\hat{\sigma}_{L_i} = \hat{\sigma}_0 \sqrt{\frac{1}{P_i}} \tag{2.82}$$

则第 i 对观测值的平均值的中误差 $\hat{\sigma}_{X_i}$ 为

$$\hat{\sigma}_{X_i} = \hat{\sigma}_0 \sqrt{\frac{1}{2P_i}} \tag{2.83}$$

特殊情况下，如果所有观测值都是同精度观测的，可令它们的权都等于 1，则各观测值的中误差为

$$\hat{\sigma}_L = \sqrt{\frac{[dd]}{2n}} \tag{2.84}$$

而每对观测值的平均值的中误差为

$$\hat{\sigma}_X = \frac{1}{2} \sqrt{\frac{[dd]}{n}} \tag{2.85}$$

【例 2.11】　设某一水准路线分 5 段观测，每段往返观测两次，其结果列入表 2.2。试求：

（1）每段高差平均值及其中误差。

（2）该条水准路线高差平均值及其中误差。

解：（1）水准路线各段高差观测值的平均值按公式 $X_i = \dfrac{L_i' + L_i''}{2}$ 进行计算。

令 $C=1$，可计算各段高差观测值的权。而高差观测值的单位权中误差（1km 水准路线测量中误差）为

$$\hat{\sigma}_0 = \sqrt{\frac{[Pdd]}{2n}} = \sqrt{\frac{513.4}{2 \times 5}} = 7.2\text{mm}$$

各段高差平均值的中误差按式 $\hat{\sigma}_{X_i} = \hat{\sigma}_0 \sqrt{\dfrac{1}{2P_i}}$ 计算，并列入表 2.2 中。

（2）水准路线高差平均值为

$$X = +17.058\text{m}$$

而水准路线高差平均值的中误差为

$$\hat{\sigma}_X = \frac{\hat{\sigma}_{\text{全长}}}{\sqrt{2}} = \frac{\hat{\sigma}_0 \sqrt{\sum S_i}}{\sqrt{2}} = \frac{7.2 \sqrt{18.5}}{\sqrt{2}} = 21.8\text{mm}$$

表 2.2

段号	高差 $h_i'(\text{m})$	高差 $h_i''(\text{m})$	路线长 S_i（km）	$P_i = \dfrac{1}{S_i}$	平均高差（m）	d_i（mm）	$d_i d_i$	$P_i d_i d_i$	$\hat{\sigma}_{X_i}$（mm）
1	-0.756	$+0.770$	2.0	0.50	-0.763	$+14$	196	98.0	7.1
2	-2.466	$+2.442$	5.0	0.20	-2.454	-24	576	115.2	11.2
3	$+8.965$	-8.980	2.5	0.40	$+8.972$	-16	256	102.4	7.9
4	$+6.404$	-6.430	4.0	0.25	$+6.417$	-24	676	169.0	10.0
5	$+4.892$	-4.880	5.0	0.20	$+4.886$	$+12$	144	28.8	11.2
Σ	$+17.038$	-17.078	18.5		$+17.058$			513.4	

习　题

2.1　偶然误差的特性有哪些？

2.2　衡量观测值精度的指标主要有哪些？

2.3　为了鉴定经纬仪的精度，对已知精确测定的水平角 $\alpha = 45°00'00''$ 作 12 次同精度观测，结果为：

$45°00'06''$　　$45°59'55''$　　$45°59'58''$　　$45°00'04''$　　$45°00'03''$　　$45°00'04''$

$45°00'00''$　　$45°59'58''$　　$45°59'59''$　　$45°59'59''$　　$45°00'06''$　　$45°00'03''$

设 α 没有误差，试求观测值的中误差。

2.4　已知两段距离经多次测量后，其观测值及中误差分别为 360.465m±4.5cm 及 600.894m±4.5cm，试说明这两段距离的观测精度是否相等？哪段距离观测精度高？

2.5　设对某量进行了两组观测，他们的真误差分别为

第一组：3，-3，2，4，-2，-1，0，-4，3，-2

第二组：0，-1，-7，2，1，-1，8，0，-3，1

试求两组观测值的中误差 $\hat{\sigma}_1$、$\hat{\sigma}_2$，并比较两组观测值的精度。

2.6　试述应用误差传播定律的实际步骤?

2.7　设有观测向量 $X = \begin{bmatrix} L_1 & L_2 \end{bmatrix}^T$,已知 $\sigma_{L_1} = 2$, $\sigma_{L_2} = 3$, $\sigma_{L_1 L_2} = -2$,试写出其协方差阵 D_{XX}。

2.8　设有观测向量 $L = \begin{bmatrix} L_1 & L_2 & L_3 \end{bmatrix}^T$ 的协方差阵 $D_{LL} = \begin{bmatrix} 4 & -2 & 0 \\ -2 & 9 & -3 \\ 0 & -3 & 16 \end{bmatrix}$,试写出

观测值 L_1、L_2、L_3 的中误差及协方差 $\sigma_{L_1 L_2}$、$\sigma_{L_1 L_3}$ 和 $\sigma_{L_2 L_3}$。

2.9　下列各式中的 $L_i (i = 1,2,3)$ 均为等精度独立观测值,其中误差为 σ,试求 X 的中误差:

(1)　$X = \dfrac{1}{2}(L_1 + L_2) + L_3$

(2)　$X = \dfrac{L_1 L_2}{L_3}$

2.10　已知观测值 L_1、L_2 的中误差为 $\sigma_1 = \sigma_2 = \sigma$,协方差为 $\sigma_{12} = 0$,设:
$X = 2L_1 + 5$,$Y = L_1 - 2L_2$,$Z = L_1 L_2$,$t = X + Y$,试求 X、Y、Z 和 t 的中误差。

2.11　设有观测向量 $L = \begin{bmatrix} L_1 & L_2 & L_3 \end{bmatrix}^T$,其协方差阵为 $D_{LL} = \begin{bmatrix} 4 & 0 & 0 \\ 0 & 3 & 0 \\ 0 & 0 & 2 \end{bmatrix}$,试分别

求下列函数的方差:

(1)　$F_1 = L_1 - 3L_3$

(2)　$F_2 = 3L_2 L_3$

2.12　设有同精度独立观测向量 $L = \begin{bmatrix} L_1 & L_2 & L_3 \end{bmatrix}^T$ 的函数为 $Y_1 = S_{AB} \dfrac{\sin L_1}{\sin L_3}$,$Y_2 = \alpha_{AB} - L_2$,式中 α_{AB} 和 S_{AB} 为无误差的已知值,观测值中误差 $\sigma = 1''$,试求函数的方差 $\sigma_{Y_1}^2$、$\sigma_{Y_2}^2$ 及其协方差 $\sigma_{Y_1 Y_2}$。

2.13　在水准测量中,设每站观测高差的中误差均为 1mm,今要求从已知点推算待定点的高程中误差不大于 5cm,问可以设多少站?

2.14　有一角度测 4 个测回,得平均值中误差为 $0.42''$,问再增加多少个测回其平均值中误差为 $0.28''$?

2.15　设在相同观测条件下观测三条水准路线,其长度分别为 $S_1 = 10\text{km}$,$S_2 = 8\text{km}$,$S_3 = 4\text{km}$。若令 40km 的高差观测值为单位权观测值,试求各水准路线观测高差的权。

2.16　现对角度 $\angle A$ 和 $\angle B$ 进行观测,已知角度观测的权分别为 $P_A = \dfrac{1}{4}$,$P_B = \dfrac{1}{2}$,若 $\sigma_B = 8''$,试求单位权中误差 σ_0 和 $\angle A$ 的中误差 σ_A。

2.17　已知观测值向量 $L = \begin{bmatrix} L_1 & L_2 \end{bmatrix}^T$ 的权阵为 $P_{LL} = \begin{bmatrix} 5 & -2 \\ -2 & 4 \end{bmatrix}$,试写出观测值的权 P_{L_1} 和 P_{L_2}。

2.18　已知 $L = \begin{bmatrix} L_1 & L_2 \end{bmatrix}^T$ 的协因数阵 $Q_{LL} = \begin{bmatrix} 2 & -1 \\ -1 & 2 \end{bmatrix}$,试求 $Y = \begin{bmatrix} Y_1 \\ Y_2 \end{bmatrix} =$

$$\begin{bmatrix} 1 & 1 \\ 2 & 1 \end{bmatrix} \begin{bmatrix} L_1 \\ L_2 \end{bmatrix}$$ 的协因数阵。

2.19　设有独立观测值向量 L，其协因数阵 Q_{LL} 为单位阵。现有函数：

$$\hat{X} = (B^{\mathrm{T}}B)^{-1}B^{\mathrm{T}}L$$

$$V = B\hat{X} - L$$

$$\hat{L} = L + V$$

其中，B 为常系数阵，试求协因数阵 $Q_{\hat{X}}$，$Q_{\hat{L}}$ 及 $Q_{V\hat{X}}$。

2.20　已知独立观测值 L_i 的权为 $P_i(i=1, 2, \cdots, n)$，试求加权平均值 $X = \dfrac{[PL]}{[P]}$ 的权 P_X。

2.21　在 A、B 两点间分 4 段进行水准测量，每段均进行往返测，所得数据见表 2.3。

表 2.3

段　号	距　离（km）	观测高差（m）	
		往　测	返　测
A－1	5	−0.183	+0.180
1－2	5	+1.663	−1.660
2－3	10	+1.436	−1.428
3－B	10	−0.050	+0.060

试求：

（1）1km 观测高差中误差。

（2）全长单程观测高差中误差。

（3）全长观测高差平均值的中误差。

2.22　在单三角形中，若观测三个内角，且观测值的协因数阵为单位阵，现将三角形闭合差平均分配至各观测角，试证明三角形闭合差与各平差角互不相关。

第3章 测量平差基本原理

学习目标：通过本章学习，了解测量平差的基本概念，熟悉测量平差的数学模型，了解测量平差应遵循的基本原则。

3.1 测量平差概述

在测量工程中，为了确定一个几何模型中某些几何量的大小就必须进行观测。例如，为了确定一些点的高程而建立水准网进行水准测量，同样为了确定一些点的平面直角坐标而建立平面控制网进行平面控制测量。数据处理时，为了确定几何模型中各几何量的大小而进行的实际观测，称为观测值，观测值的总个数一般用 n 表示。如水准测量中所涉及到的观测值一般就是点与点间的高差，而平面控制测量中所涉及到的观测值一般则包括有水平角、边长以及边的坐标方位角。

为了确定一个几何模型，并不需已知模型中所有几何量，而只需要知道其中部分几何量的大小就可以了，其他几何量可以通过它们来确定。例如：

(1) 在图 3.1 中的三角形中，第一种情况：为了确定它的形状（相似形），只要知道其中任意 2 个内角的大小就可以了，如 $\tilde{L}_1$、$\tilde{L}_2$，或 $\tilde{L}_1$、$\tilde{L}_3$，或 $\tilde{L}_2$、$\tilde{L}_3$ 等。它们都是同一类型几何量（角度）。第二种情况：若为了同时确定三角形的形状和大小，则要知道其中任意的两角一边、或二边一角、或三边的大小才行，如 $\tilde{L}_1$、$\tilde{L}_2$、$\tilde{S}_1$，或 $\tilde{S}_1$、$\tilde{S}_2$、$\tilde{L}_3$，或 $\tilde{S}_1$、$\tilde{S}_2$、$\tilde{S}_3$ 等。它们包含两种类型的几何量（角度和边长）。上述分析说明，在某一要求确定后，总可以通过选择一定量的几何量来解决所提出的问题，而且为了解决问题可以选择的几何量的形式有多种，但总有一个确定的最少的几何量的个数。

(2) 在图 3.2 的水准网中，为了确定 A、B、C、D 这 4 个点之间的相对关系，只要知道其中 3 个高差就可以了，如 $\tilde{h}_1$、$\tilde{h}_2$、$\tilde{h}_6$，或 $\tilde{h}_1$、$\tilde{h}_3$、$\tilde{h}_4$，或 $\tilde{h}_4$、$\tilde{h}_5$、$\tilde{h}_6$ 等。它们是同一类型的几何量（高差）。上述分析同样说明，可以选择的几何量的形式有多种，但也有一个最少的几何量的个数。

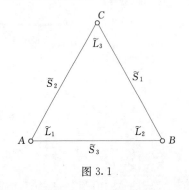

图 3.1

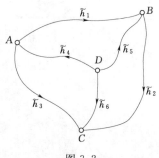

图 3.2

在测量中，能够唯一确定一个几何模型所必要的观测元素，称为必要观测，必要观测的个数一般用 t 来表示。对于上面的第一个例子中，必要观测个数分别是 $t=2$ 及 $t=3$；而第二例子中，必要观测个数是 $t=3$。同时，需要指出的是，对于有的几何模型，除了要了解必要观测数的个数外，还需了解必要观测量的类型，如第一个例子中第二种情况，3 个必要观测元素中除了要有角度观测数以外还至少要有一个边长观测数，没有边长仍然只能确定其形状（事实上，三个角度观测元素间是存在一定的函数关系的），而无法确定其大小。由此可知，当某个几何模型给定之后，能够唯一确定该模型的必要观测的个数 t 就决定了，t 只与几何模型有关，与实际观测量无关。

另一方面，对于一个几何模型来说，它的 t 个必要观测量之间不能存在函数关系，亦即其中任一个观测量不能表达成其余 $(t-1)$ 个观测量的函数，表明必要观测量间应是相互独立的。而且可以发现，在一个几何模型中，除了 t 个独立必要观测量以外，若再增加一个量，则必然会产生一个相应的函数关系式。以第一例中第二种情况说明，当必要观测量选为 $\widetilde{L}_1$、$\widetilde{L}_2$、$\widetilde{S}_1$ 时，若增加一个观测量 $\widetilde{L}_3$，则存在一个关系式

$$\widetilde{L}_1 + \widetilde{L}_2 + \widetilde{L}_3 = 180° \tag{3.1}$$

若再增加一个观测量 $\widetilde{S}_2$，则又增加一个关系式

$$\widetilde{S}_2 = \widetilde{S}_1 \frac{\sin\widetilde{L}_2}{\sin\widetilde{L}_1} \tag{3.2}$$

由此可见，一个几何模型的独立量个数最多为 t 个，除此之外，增加一个观测量就必然会产生一个相应的函数关系式，这种函数关系式，在测量平差中称为条件方程。从这个意义上来说，必要观测数 t 也是确定几何模型的最大且独立的观测个数。

在测量中，常将必要观测量个数以外的观测量个数称为多余观测，一般用 r 表示，r 也称为"自由度"。显然，观测值个数、必要观测数及多余观测数间关系为

$$r = n - t \tag{3.3}$$

当 $n<t$ 时，说明观测值个数少于必要观测数，即出现观测数据不足的情况，无法唯一确定该模型。

当 $n=t$ 时，说明观测值个数等于必要观测数，可唯一确定该模型。但由于必要观测量都是独立观测量，故观测量间不存在任何条件方程，在这种情况下，如果观测结果中含有粗差甚至错误，都将无法发现，在测量工作中是不允许这样做的。

为了能及时发现粗差和错误，并提高测量成果精度，实际工作中，就必须使 $n>t$，即要求观测值个数大于必要观测数，以产生多余观测数。如果一个几何模型中有 r 个多余观测，就会产生 r 个条件方程。

由于观测值不可避免地存在偶然误差，因此，如直接用观测值组成 r 个条件方程，是不可能完全保证 r 个条件方程全部成立的，必须对观测值进行改正，即在观测值中加入改正数，以保证改正后的观测值组成的 r 个条件方程完全成立。而如何调整观测值，即正确地消除各观测值之间的矛盾，合理地分配误差，求出各观测值及其函数的最或是值，就是测量平差的主要任务之一。

3.2 测 量 平 差 原 则

前面讲到，由于测量总是存在误差，实际工作中，为了能及时发现错误和提高测量成果的精度，常进行多余观测。同时由于观测值之间矛盾的出现，不可能同时保证所有测量值直接满足所有的几何关系，所以必须进行数据处理，即进行平差。那么，平差的原则是什么呢？下面以一个例子说明。

为了确定平面中一个三角形的形状，需要观测三角形三内角中的两个角。当观测了三个内角 α、β、γ 时，就产生了一个条件方程，即

$$\tilde{\alpha} + \tilde{\beta} + \tilde{\gamma} - 180° = 0 \tag{3.4}$$

考虑到

$$\tilde{\alpha} = \alpha + \Delta_a, \quad \tilde{\beta} = \beta + \Delta_\beta, \quad \tilde{\gamma} = \gamma + \Delta_\gamma$$

所以，条件方程为

$$(\alpha + \Delta_a) + (\beta + \Delta_\beta) + (\gamma + \Delta_\gamma) - 180° = 0 \tag{3.5}$$

显然，若仅由观测值组成条件方程，式（3.4）是不能成立的，即

$$\alpha + \beta + \gamma - 180° \neq 0$$

由于真值常常是未知的，通过平差计算，只能求出观测值和真误差的平差值，设 V 是 Δ 的平差值，简称改正数。用 v 代替 Δ，则式（3.5）可以写为

$$(\alpha + v_a) + (\beta + v_\beta) + (\gamma + v_\gamma) - 180° = 0 \tag{3.6}$$

式（3.6）说明，对三个观测内角分别加上改正数 v_a，v_β，v_γ，可以使改正后观测角值满足条件方程。由于只有一个方程，需要求解三个未知数，所以能满足上述条件方程的改正数有无数多组，不同的解算前提就对应着不同的解算结果。一般认为，在观测值精度相同且独立时，各观测值改正数的平方和为最小的那组改正数将使平差结果"最佳"，即要求

$$[vv] = \min(最小) \tag{3.7}$$

这就是测量平差中常遵循的最小二乘原理，即在满足此函数条件的前提下，求解各观测值的改正数及各观测值的最或是值。

若将改正数用向量表示，即

$$V = \begin{bmatrix} v_1 \\ v_2 \\ \vdots \\ v_n \end{bmatrix}$$

则式（3.7）可用矩阵形式表示为

$$V^{\mathrm{T}}V = \min \tag{3.8}$$

当观测值的精度不相同，但相互独立时，设各观测值的权为 P_i，则最小二乘法原理是

$$[pvv] = \min(最小) \tag{3.9a}$$

或

$$V^{\mathrm{T}}PV = \min \tag{3.9b}$$

式中

$$P = \begin{bmatrix} P_1 & 0 & \cdots & 0 \\ 0 & P_2 & \cdots & 0 \\ \vdots & \vdots & \vdots & \vdots \\ 0 & 0 & \cdots & P_n \end{bmatrix}$$

当观测值为不同精度相关观测值时，其权阵为

$$P = Q^{-1} = \begin{bmatrix} P_{11} & P_{12} & \cdots & P_{1n} \\ P_{21} & P_{22} & \cdots & P_{2n} \\ \vdots & \vdots & \vdots & \vdots \\ P_{n1} & P_{n2} & \cdots & P_{nn} \end{bmatrix}$$

最小二乘法原理的矩阵式仍可写为

$$V^{\mathrm{T}}PV = \min \tag{3.10}$$

【例 3.1】 设对某量 $\widetilde{X}$ 进行了 n 次同精度观测，观测值向量为 L，试按最小二乘原理求该量的最或是值。

解：设该量的平差值为 $\hat{X}$，则有

$$v_i = \hat{X} - L_i$$

按最小二乘原理，有

$$[vv] = (\hat{X} - L_1)^2 + (\hat{X} - L_2)^2 + \cdots + (\hat{X} - L_n)^2 = \min$$

将上式对 $\hat{X}$ 求一阶导数，并令其为零，得

$$2(\hat{X} - L_1) + 2(\hat{X} - L_2) + \cdots + 2(\hat{X} - L_n) = 0$$

整理得

$$\hat{X} = \frac{1}{n} \sum L_i$$

上式表明，对某量进行的一组同精度观测值的算术平均值，就是该量的最或是值。

3.3 测量平差的数学模型

测量平差的数学模型包括函数模型和随机模型两种。函数模型是描述观测量与未知量间数学函数关系的模型，是确定客观实际的本质或特征的模型；随机模型是描述观测量及其相互间统计相关性质的模型。在研究任何测量平差问题时，都必须同时考虑这两种不同的数学模型，这是测量平差计算的主要特点。

3.3.1 随机模型

由于观测值不可避免地带有偶然误差，使观测结果具有随机性，从统计学的观点来看，观测量是一个随机变量，描述随机变量的精度指标是方差（中误差），描述两个随机变量之间相关性的是协方差，方差和协方差是随机变量的主要统计性质。

对于观测向量 $L = \begin{bmatrix} L_1 & L_2 & \cdots & L_n \end{bmatrix}^{\mathrm{T}}$，随机模型是指 L 的方差－协方差阵。观测量 L

的方差－协方差阵为

$$D = \sigma_0^2 Q = \sigma_0^2 P^{-1} \tag{3.11}$$

式中：σ_0^2 为单位权方差；Q 为 L 的协因数阵；P 为 L 的权阵；P 与 Q 互为逆阵。

L 的随机性是由真误差 Δ 的随机性所决定的，因此，Δ 的方差与 L 的方差相同，即

$$D_\Delta = D_L \tag{3.12}$$

因此，式（3.11）也称为平差的随机模型。

以上讨论是基于平差函数模型中只有 L（即 Δ）是随机量，而模型中的参数是非随机量的情况，这是平差问题中最为普遍的情形。

3.3.2 函数模型

对于同一个平差问题，可以建立不同形式的函数模型，与此相应，就产生了不同的平差方法。测量平差的函数模型一般为几何模型和物理模型或几何、物理综合模型。如水准网、测角网、边角网、测边网、重力网、GPS网等所建立的测量控制网都属于几何模型。

下面给出四种基本平差方法的线性形式的函数模型。

1. 条件平差的函数模型

以条件方程为函数模型的平差方法，称为条件平差法。条件平差法，是用各观测值的真值按照几何模型实际要求组成 r 个条件方程，即

$$A\tilde{L} + A_0 = 0 \tag{3.13}$$

式中：A、A_0 分别为条件方程的系数阵和常数阵。

用 $\tilde{L} = L + \Delta$ 代入式（3.13），得

$$A\Delta + W = 0 \tag{3.14}$$

式中

$$W = AL + A_0 \tag{3.15}$$

条件平差的自由度即为多余观测数 r。

2. 间接平差的函数模型

当在一个平差问题中选择 t 个独立量作为参数，将每一个观测量表达成所选参数的函数，共列出 n 个函数关系式，称为观测方程，以此为平差的函数模型，称为间接平差法，又称为参数平差法。设选定 t 个独立参数 $\tilde{X}$，则有

$$\tilde{L} = B\tilde{X} + d \tag{3.16}$$

式中：B 为 $\tilde{X}$ 的系数阵；d 为常数阵。

用 $\tilde{L} = L + \Delta$、$\tilde{X} = X^0 + \tilde{x}$（$X^0$ 为 $\tilde{X}$ 的近似值）代入式（3.16），得

$$l + \Delta = B\tilde{x} \tag{3.17}$$

式中

$$l = L - BX^0 - d = L - L^0 \tag{3.18}$$

尽管间接平差法是选择了 t 个独立参数，但多余观测数不随平差方法的不同而变化，其自由度仍是 r。

3. 附有参数的条件平差的函数模型

设在平差计算时，除列出 r 条件方程外，现又增设了 u 个独立量（$0 < u < t$）作为参

数，则相应又增加了 u 个条件方程。这种以含有参数的条件方程作为平差的函数模型，称为附有参数的条件平差法。附有参数的条件平差法的条件方程为

$$A\tilde{L} + B\tilde{X} + A_0 = 0 \tag{3.19}$$

用 $\tilde{L} = L + \Delta$、$\tilde{X} = X^0 + \tilde{x}$ 代入上式，得

$$A\Delta + B\tilde{x} + W = 0 \tag{3.20}$$

式中

$$W = AL + BX^0 + A_0 \tag{3.21}$$

此平差问题，由于选择了 u 个独立参数，方程总数由 r 个增加到 $c = r + u$ 个，但平差自由度仍为 r。

4. 附有限制条件的间接平差的函数模型

如果在间接平差中，不是选定 t 个而是选定 $u(u > t)$ 个参数，其中包含 t 个独立参数，则多选的 $s(s = u - t)$ 个参数必是 t 个独立参数的函数，亦即在 u 个参数之间存在着 s 个函数关系，它们是参数之间应满足的约束关系。在选定 $u > t$ 参数进行平差时，除了要建立 n 个观测方程外，还要增加 s 个参数约束方程，故称此平差方法为附有限制条件的间接平差法。观测方程及约束方程分别为

$$\tilde{L} = B\tilde{X} + d \tag{3.22}$$

$$C\tilde{X} + A_0 = 0 \tag{3.23}$$

式中：B、C 为系数阵；d、A_0 为常数项阵。

用 $\tilde{L} = L + \Delta$、$\tilde{X} = X^0 + \tilde{x}$ 代入上面两式，可得

$$l + \Delta = B\tilde{x} \tag{3.24}$$

$$C\tilde{x} + W_x = 0 \tag{3.25}$$

式中

$$l = L - BX^0 - d = L - L^0 \quad W_x = CX^0 + A_0 \tag{3.26}$$

以上平差函数模型都是用观测量真误差 $\Delta(\tilde{L} = L + \Delta)$ 和未知量真误差 $\tilde{x}(\tilde{X} = X^0 + \tilde{x})$ 表达的。实际计算中，真值常常是无法知道的，因此，只能用某量的平差值代替其真值。设 $\tilde{L}$ 的平差值为 $\hat{L}$，$\tilde{X}$ 的平差值为 $\hat{X}$，并定义

$$\hat{L} = L + V, \quad \hat{X} = X^0 + \hat{x} \tag{3.27}$$

式中：V 是 Δ 的平差值，称为 $\hat{L}$ 的改正数，简称改正数；$\hat{x}$ 为 $\tilde{x}$ 的平差值，它是 X^0 的改正数。

在以下各章阐述基本平差方法的原理时，平差的函数模型一般将直接用平差值代以真值列出。在这种情况下，函数模型分别为

条件平差法

$$AV + W = 0 \tag{3.28}$$

间接平差法

$$V = B\hat{x} - l \tag{3.29}$$

附有参数的条件平差法

$$AV + B\hat{x} + W = 0 \tag{3.30}$$

附有限制条件的间接平差法

$$\begin{cases} V = B\hat{x} - l \\ C\hat{x} + W_x = 0 \end{cases} \tag{3.31}$$

3.4　函数模型的线性化

对于函数模型来说，当其为非线性形式时，在平差计算前，必须首先将非线性方程按台劳公式展开，并取至一次项，转化成线性方程形式。

设函数模型的一般形式为

$$F = F(\tilde{L}, \tilde{X}) = 0 \tag{3.32}$$

为了线性化，取 $\tilde{L} = L + \Delta$、$\tilde{X} = X^0 + \tilde{x}$，将 F 在 L、X^0 处分别对 $\tilde{L}$、$\tilde{X}$ 求偏导，按台劳级数展开，并略去二次及二次以上项，有

$$F = F(L + \Delta, X^0 + \tilde{x}) = F(L, X^0) + \frac{\partial F}{\partial \tilde{L}}\bigg|_{L, X^0} \Delta + \frac{\partial F}{\partial \tilde{X}}\bigg|_{L, X^0} \tilde{x} = 0$$

若令

$$A = \frac{\partial F}{\partial \tilde{L}}\bigg|_{L, X^0}, \quad B = \frac{\partial F}{\partial \tilde{X}}\bigg|_{L, X^0}, \quad W = F(L, X^0) \tag{3.33}$$

则线性化后的方程为

$$A\Delta + B\tilde{x} + W = 0 \tag{3.34}$$

对于参数约束方程 $\Phi(\tilde{X}) = 0$，同样可按上述方法进行线性化，其线性方程为

$$C\tilde{x} + W_x = 0 \tag{3.35}$$

式中

$$C = \frac{\partial \Phi}{\partial \tilde{X}}\bigg|_{X^0} \tag{3.36}$$

在具体的平差计算时，线性化后的方程式（3.34）、式（3.35）中的 Δ、$\tilde{x}$ 可以直接用 V、$\hat{x}$ 代替。

习　　题

3.1　在测量平差中，观测总数、必要观测数及多余观测数的含义是什么？它们之间有什么关系？

3.2　设有同精度观测值的误差方程为

$$v_1 = x_1 + x_2 + 3$$
$$v_2 = x_1 + 2x_2 - 1$$
$$v_3 = -x_1 + 4x_2 - 2$$

试按最小二乘法原理求 x_1、x_2 的估值。

3.3 试用最小二乘法原理证明对某量进行 n 次不同精度观测，该量的最或是值为加权平均值。

3.4 试分析几种基本的平差方法中方程的个数、未知量的个数。

3.5 设有角度观测值的非线性条件方程为

$$\frac{\sin\widetilde{\beta}_1 \sin\widetilde{\beta}_3 \sin\widetilde{\beta}_5}{\sin\widetilde{\beta}_2 \sin\widetilde{\beta}_4 \sin\widetilde{\beta}_6} - 1 = 0$$

若令 $\widetilde{\beta}_i = \beta_i + \Delta_i$，试将该方程转化为线性方程。

第4章 条 件 平 差

学习目标：通过本章学习，理解条件平差的基本原理，熟悉必要观测数的计算方法，掌握一般水准网及三角网条件方程式的列立、法方程的组成以及精度的计算，掌握条件平差法的计算步骤。

4.1 条 件 平 差 原 理

4.1.1 条件平差原理

条件平差法，是根据条件方程式按最小二乘原理来求解各观测值的改正数，进而求出各观测值及函数的最或然值，并评定观测值及函数的精度。

设在一个平差问题中，有 n 个观测值 L_1，L_2，$\cdots$，L_n，其对应的权为 p_1，p_2，$\cdots$，p_n，改正数为 v_1，v_2，$\cdots$，v_n，平差值为 $\hat{L}_1$，$\hat{L}_2$，$\cdots$，$\hat{L}_n$，如多余观测数为 r，则 r 个平差值线性条件方程为

$$
\left.
\begin{array}{l}
a_1\hat{L}_1 + a_2\hat{L}_2 + \cdots + a_n\hat{L}_n + a_0 = 0 \\
b_1\hat{L}_1 + b_2\hat{L}_2 + \cdots + b_n\hat{L}_n + b_0 = 0 \\
\vdots \qquad \vdots \qquad \qquad \vdots \qquad \vdots \\
r_1\hat{L}_1 + r_2\hat{L}_2 + \cdots + r_n\hat{L}_n + r_0 = 0
\end{array}
\right\}
\tag{4.1}
$$

式中：a_i，b_i，$\cdots$，$r_i(i=1,2,\cdots,n)$ 为平差值条件方程的系数；a_0，b_0，$\cdots$，r_0 为常数项，系数和常数项随条件方程的形式不同而取不同的值，它们与观测值无关。

将 $\hat{L}_i = L_i + v_i(i=1,2,\cdots,n)$ 代入式（4.1），得

$$
\left.
\begin{array}{l}
a_1(L_1 + v_1) + a_2(L_2 + v_2) + \cdots + a_n(L_n + v_n) + a_0 = 0 \\
b_1(L_1 + v_1) + b_2(L_2 + v_2) + \cdots + b_n(L_n + v_n) + b_0 = 0 \\
\vdots \qquad \qquad \vdots \qquad \qquad \vdots \qquad \qquad \vdots \\
r_1(L_1 + v_1) + r_2(L_2 + v_2) + \cdots + r_n(L_n + v_n) + r_0 = 0
\end{array}
\right\}
\tag{4.2}
$$

令

$$
\left.
\begin{array}{l}
a_1L_1 + a_2L_2 + \cdots + a_nL_n + a_0 = w_a \\
b_1L_1 + b_2L_2 + \cdots + b_nL_n + b_0 = w_b \\
\vdots \qquad \vdots \qquad \qquad \vdots \qquad \vdots \\
r_1L_1 + r_2L_2 + \cdots + r_nL_n + r_0 = w_r
\end{array}
\right\}
\tag{4.3}
$$

则得改正数表示的条件方程为

$$
\left.
\begin{array}{l}
a_1v_1 + a_2v_2 + \cdots + a_nv_n + w_a = 0 \\
b_1v_1 + b_2v_2 + \cdots + b_nv_n + w_b = 0 \\
\vdots \qquad \vdots \qquad \qquad \vdots \qquad \vdots \\
r_1v_1 + r_2v_2 + \cdots + r_nv_n + w_r = 0
\end{array}
\right\}
\tag{4.4}
$$

式中：w_a，w_b，$\cdots$，w_r 为条件方程的闭合差，或称不符值。

现设

$$A_{rn} = \begin{bmatrix} a_1 & a_2 & \cdots & a_n \\ b_1 & b_2 & \cdots & b_n \\ \vdots & \vdots & \vdots & \vdots \\ r_1 & r_2 & \cdots & r_n \end{bmatrix} \quad L_{n1} = \begin{bmatrix} L_1 \\ L_2 \\ \vdots \\ L_n \end{bmatrix} \quad \hat{L}_{n1} = \begin{bmatrix} \hat{L}_1 \\ \hat{L}_2 \\ \vdots \\ \hat{L}_n \end{bmatrix}$$

$$V_{n1} = \begin{bmatrix} v_1 \\ v_2 \\ \vdots \\ v_n \end{bmatrix} \quad W_{r1} = \begin{bmatrix} w_a \\ w_b \\ \vdots \\ w_r \end{bmatrix} \quad A_{0 \atop r1} = \begin{bmatrix} a_0 \\ b_0 \\ \vdots \\ r_0 \end{bmatrix}$$

则式（4.4）写成矩阵形式为

$$A_{rn} V_{n1} + W_{r1} = O_{r1} \tag{4.5}$$

式中

$$W_{r1} = A_{rn} L_{n1} + A_0_{r1} \tag{4.6}$$

因条件方程式的个数等于多余观测数 r，而未知数 V 的个数 n 总是大于条件方程的数目，即 $n > r$，故式（4.4）的解是不定的。为了根据式（4.4）求得一组"最佳"V 值，通常要求 $[pvv] = \min$，按求条件极值的拉格朗日乘数法，组成新函数

$$\begin{aligned} \varPhi = F(v_1, v_2, \cdots, v_n) = &(p_1 v_1^2 + p_2 v_2^2 + \cdots + p_n v_n^2) \\ &- 2k_a(a_1 v_1 + a_2 v_2 + \cdots + a_n v_n + w_a) \\ &- 2k_b(b_1 v_1 + b_2 v_2 + \cdots + b_n v_n + w_b) \\ &\vdots \qquad \vdots \qquad \vdots \qquad \vdots \qquad \vdots \\ &- 2k_r(r_1 v_1 + r_2 v_2 + \cdots + r_n v_n + w_r) \end{aligned} \tag{4.7}$$

式中：$-2k_a$，$-2k_b$，$\cdots$，$-2k_r$ 系数在数学中称为拉格朗日乘数，在测量平差中，称 k 为联系数，其个数与条件方程的个数相同。

为求新函数 $\varPhi$ 的极值，对式（4.7）中的各个变量 v_i 求一阶偏导数，并令其等于零。于是有

$$\left. \begin{aligned} \frac{\partial \varPhi}{\partial v_1} &= 2p_1 v_1 - 2a_1 k_a - 2b_1 k_b - \cdots - 2r_1 k_r = 0 \\ \frac{\partial \varPhi}{\partial v_2} &= 2p_2 v_2 - 2a_2 k_a - 2b_2 k_b - \cdots - 2r_2 k_r = 0 \\ \vdots \quad &\quad \vdots \qquad \vdots \qquad \vdots \qquad \vdots \qquad \vdots \\ \frac{\partial \varPhi}{\partial v_n} &= 2p_n v_n - 2a_n k_a - 2b_n k_b - \cdots - 2r_n k_r = 0 \end{aligned} \right\} \tag{4.8}$$

由式（4.8）可得

$$\left. \begin{aligned} v_1 &= \frac{1}{p_1}(a_1 k_a + b_1 k_b + \cdots + r_1 k_r) \\ v_2 &= \frac{1}{p_2}(a_2 k_a + b_2 k_b + \cdots + r_2 k_r) \\ \vdots \quad &\quad \vdots \qquad \vdots \qquad \vdots \qquad \vdots \\ v_n &= \frac{1}{p_n}(a_n k_a + b_n k_b + \cdots + r_n k_r) \end{aligned} \right\} \tag{4.9}$$

式（4.9）称为改正数方程。

为了求得各改正数 v_i 值，必须先求出联系数 k_a，k_b，$\cdots$，k_r 的值。为此将式（4.9）代入式（4.4），并按 k 集项，可得

$$\left(\frac{a_1a_1}{p_1}+\frac{a_2a_2}{p_2}+\cdots+\frac{a_na_n}{p_n}\right)k_a+\left(\frac{a_1b_1}{p_1}+\frac{a_2b_2}{p_2}+\cdots+\frac{a_nb_n}{p_n}\right)k_b+$$

$$\cdots+\left(\frac{a_1r_1}{p_1}+\frac{a_2r_2}{p_2}+\cdots+\frac{a_nr_n}{p_n}\right)k_r+w_a=0$$

$$\left(\frac{a_1b_1}{p_1}+\frac{a_2b_2}{p_2}+\cdots+\frac{a_nb_n}{p_n}\right)k_a+\left(\frac{b_1b_1}{p_1}+\frac{b_2b_2}{p_2}+\cdots+\frac{b_nb_n}{p_n}\right)k_b+$$

$$\cdots+\left(\frac{b_1r_1}{p_1}+\frac{b_2r_2}{p_2}+\cdots+\frac{b_nr_n}{p_n}\right)k_r+w_b=0$$

$$\vdots$$

$$\left(\frac{a_1r_1}{p_1}+\frac{a_2r_2}{p_2}+\cdots+\frac{a_nr_n}{p_n}\right)k_a+\left(\frac{b_1r_1}{p_1}+\frac{b_2r_2}{p_2}+\cdots+\frac{b_nr_n}{p_n}\right)k_b+$$

$$\cdots+\left(\frac{r_1r_1}{p_1}+\frac{r_2r_2}{p_2}+\cdots+\frac{r_nr_n}{p_n}\right)k_r+w_r=0$$

若分别以 $\left[\dfrac{aa}{p}\right]$、$\left[\dfrac{ab}{p}\right]$、$\left[\dfrac{ac}{p}\right]\cdots\left[\dfrac{ar}{p}\right]$ 表示圆括号内的和数，则上式可写成

$$\left.\begin{array}{l}\left[\dfrac{aa}{p}\right]k_a+\left[\dfrac{ab}{p}\right]k_b+\cdots+\left[\dfrac{ar}{p}\right]k_r+w_a=0\\[2mm]\left[\dfrac{ab}{p}\right]k_a+\left[\dfrac{bb}{p}\right]k_b+\cdots+\left[\dfrac{br}{p}\right]k_r+w_b=0\\[2mm]\vdots\qquad\vdots\qquad\vdots\qquad\vdots\qquad\vdots\\[2mm]\left[\dfrac{ar}{p}\right]k_a+\left[\dfrac{br}{p}\right]k_b+\cdots+\left[\dfrac{rr}{p}\right]k_r+w_r=0\end{array}\right\} \tag{4.10}$$

这就是解算联系数 k 的方程组，称为法方程组。

法方程组中有 r 个方程，r 个未知数 k，故解唯一。求出联系数 K 后，代入到改正数方程，可求出改正数，从而可求出观测值最或然值。

上述条件平差过程也可用矩阵形式表示。现设观测值的权阵为 P，联系数矩阵为 $K=[k_a\ k_b\ \cdots\ k_r]^\mathrm{T}$，则式（4.7）用矩阵表示为

$$\Phi=V^\mathrm{T}PV-2K^\mathrm{T}(AV+W)$$

对上式中的变量 V 求一阶偏导数，并令其等于零。有

$$\frac{\mathrm{d}\Phi}{\mathrm{d}V}=2V^\mathrm{T}P-2K^\mathrm{T}A=0$$

等式两边同除以 2，转置后，得

$$PV=A^\mathrm{T}K$$

再用 P^{-1} 左乘上式两边，则有

$$\underset{n1}{V}=\underset{nn}{P^{-1}}\underset{nr}{A^\mathrm{T}}\underset{r1}{K} \tag{4.11}$$

式（4.11）称为改正数方程。

将式（4.11）代入式（4.5），可得法方程

$$AP^{-1}A^{\mathrm{T}}K + W = 0 \qquad (4.12)$$

设

$$\underset{rr}{N_{aa}} = \underset{rn}{A}\,\underset{nn}{P^{-1}}\,\underset{nr}{A^{\mathrm{T}}}$$

则式（4.12）可表示为

$$\underset{rr}{N_{aa}}\,\underset{r1}{K} + \underset{r1}{W} = \underset{r1}{0}$$

即

$$K = -N_{aa}^{-1}W \qquad (4.13)$$

其中

$$\underset{r1}{W} = \underset{rn}{A}\,\underset{n1}{L} + \underset{r1}{A_0}$$

由法方程解出联系数 K 后，将 K 值代入改正数方程式（4.11），可求出改正数 V 值，再求观测值的平差值 $\hat{L} = L + V$。

4.1.2　条件平差的计算步骤

综上所述，按条件平差法求观测值平差值的主要步骤可归纳为：

（1）根据平差的具体问题，确定条件方程的个数。条件方程的个数等于多余观测数。

（2）列出平差值条件方程式，并转换成改正数表示的条件方程。

（3）根据条件方程系数、闭合差及观测值的权（或协因数阵）组成法方程。法方程的个数等于多余观测数。

（4）解算法方程，求出联系数 K 值。

（5）将 K 代入改正数方程求出改正数 V。

（6）计算观测值平差值 $\hat{L}_i = L_i + v_i$，并将平差值代入原方程，检核平差计算结果的正确性。

【例 4.1】 设对某个三角形的三个内角进行等精度观测，得观测值为 $L_1 = 42°38'17''$，$L_2 = 60°15'24''$，$L_3 = 77°06'31''$。试按条件平差法求三个内角的平差值。

解： 依题意，观测数 $n=3$，必要观测数 $t=2$，多余观测数 $r=3-2=1$，故只有一个平差值条件方程，即

$$\hat{L}_1 + \hat{L}_2 + \hat{L}_3 - 180° = 0$$

以 $\hat{L}_i = L_i + v_i$ 代入，并将观测值数据代入，得改正数条件方程

$$v_1 + v_2 + v_3 + 12'' = 0$$

由于角度观测精度相同，故可令 $p_1 = p_2 = p_3 = 1$。而条件方程的系数阵 $A = \begin{bmatrix} 1 & 1 & 1 \end{bmatrix}$，所以法方程系数阵为

$$N_{aa} = AP^{-1}A^{\mathrm{T}} = \begin{bmatrix} 1 & 1 & 1 \end{bmatrix} \begin{bmatrix} 1 & 0 & 0 \\ 0 & 1 & 0 \\ 0 & 0 & 1 \end{bmatrix} \begin{bmatrix} 1 \\ 1 \\ 1 \end{bmatrix} = 3$$

则组成的法方程为

$$3k_a + 12 = 0$$

解之得

$$k_a = -4$$

求得的改正数为

$$V = P^{-1}A^{\mathrm{T}}K = \begin{bmatrix} 1 & 0 & 0 \\ 0 & 1 & 0 \\ 0 & 0 & 1 \end{bmatrix}^{-1} \begin{bmatrix} 1 \\ 1 \\ 1 \end{bmatrix} \times (-4) = \begin{bmatrix} -4'' \\ -4'' \\ -4'' \end{bmatrix}$$

由此得各观测角的平差值为

$$\hat{L}_1 = 42°38'17'' - 4'' = 42°38'13''$$
$$\hat{L}_2 = 60°15'24'' - 4'' = 60°15'20''$$
$$\hat{L}_3 = 77°06'31'' - 4'' = 77°06'27''$$

将各观测角的平差值代入平差值条件方程进行检核，平差值条件方程成立，故说明计算无误。

4.2 条 件 方 程

4.2.1 必要观测数的计算

在条件平差中，首先要确定条件方程的个数，如果条件方程的个数确定不正确，则条件方程的列立就会存在困难，有时甚至根本无法解算。条件方程的个数应该等于多余观测的个数，而多余观测数为 $r = n - t$（n 是观测值的总个数，t 是必要观测的个数）。因此，确定条件方程的个数，关键就是确定必要观测值的个数。在一个平差问题中，必要观测数的多少取决于测量问题的本身，而不在于观测值个数的多少。下面就不同形式的测量模型，讨论其必要观测值的个数。

1. 水准网

在图 4.1 所示的水准网中，A 为已知高程点，B、C、D 为待定点，若要确定 B、C、D 三点高程，必须观测 3 段高差，如 h_1、h_3、h_6 等，故必要观测数 $t = 3$。

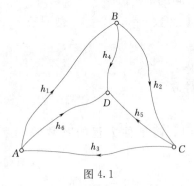

图 4.1

在图 4.1 中，若 A 也是待定点，即水准网中无已知高程点，这时只能假定某一点的高程为已知，并以它为基准去推算其余待定点的相对高程。因此，必要观测数仍为 3。

由以上讨论可以得知，水准网平差时，必要观测数的确定规则为：

（1）当水准网中有已知高程点时，其必要观测数等于待定点的个数，即 $t = p$（p 为待定点数）。

（2）当水准网中无已知点时，则必要观测数等于全部待定点数减 1，即 $t = p - 1$（p 为待定点数）。

2. 三角网（测角网、测边网、边角网）

三角网平差的目的，是要确定三角点在平面坐标系中的最或然坐标值。因此，在仅具有必要起算数据（如已知两点坐标或已知一点坐标、一条边长度及该边坐标方位角）的测角网中，要确定一个待定点的位置，必须观测两个角度，所以测角网中必要观测数等于网中待定点个数的 2 倍。若网中待定点的个数为 p，则必要观测数为 $t = 2p$。如果测角网中除必要起算数据外，另有 q 个多余的独立起算数据，则此时必要观测数应为 $t = 2p - q$。

在测边网中，若仅一点坐标及一条边坐标方位角为已知时，在确定第一个待定点与起始点间相对位置过程中，只需要测量一条边长，以后每确定一个待定点，需要观测两条边长，所以此种情况下必要观测数等于网中待定点个数的 2 倍减 1，即必要观测数为 $t=2p-1$（p 为网中待定点的个数）。若测边网中有两个或以上的已知坐标点时，则确定一个待定点必须观测两条边长，故必要观测数等于网中待定点个数的 2 倍，即 $t=2p$。

对于边角网，也需要根据网中是否具有必要起算数据进行分析。当网中仅有一点坐标及一条边坐标方位角已知时，在确定第一个待定点位置过程中，只需要观测一条边长，以后每增加一个待定点，需要观测两个角或两条边或一个角及一条边，所以此种情况下必要观测数等于网中待定点个数的 2 倍减 1，即必要观测数为 $t=2p-1$（p 为网中待定点的个数）。对于有两个或以上已知坐标点的边角网，则确定一个待定点必须观测两个量，故必要观测数等于网中待定点个数的 2 倍，即 $t=2p$。

3. 单一附合导线

在有 p 个待定点的单一附合导线中，确定一个待定点必须观测一条边和一个角两个量，所以单一附合导线的必要观测数为 $t=2p$。由于单一附合导线的总观测量总是为 $n=2p+3$，故单一附合导线的多余观测数总是为 $r=3$。

4.2.2 条件方程的列立原则

在条件平差计算中，另一个要注意的问题就是要正确列立条件方程式，如果条件方程式列立不恰当，则会使计算工作量明显增加，或根本无法得到正确平差结果。因此，合理地列立条件方程是非常重要的。一般，在列立条件方程时应注意以下几点问题。

（1）条件方程应该足数，即条件方程的个数等于多余观测数，既不能多，也不能少。

（2）条件方程式之间函数独立。

（3）在确保条件方程总个数不变的前提下，应选择形式简单、便于计算的条件方程来代替较为复杂的条件方程。

4.2.3 条件方程的列立

1. 水准网的条件方程

对于水准网，通常选择那些简单的闭合或附合路线，列出平差值条件方程式，然后转换成改正数表示的条件方程。需要注意的是，在水准网中能列立的条件方程可能很多，但一定要选择函数独立的条件方程。如图 4.2 所示的水准网中，A 点高程已知，B、C、D 点为待定点，现测得各段高差 h_1，h_2，…，h_6，则观测数 $n=6$，必要观测数 $t=3$，多余观测数 $r=n-t=3$，应列出 3 个独立的条件方程。

平差值条件方程为

$$\left.\begin{array}{l} \hat{h}_1+\hat{h}_4-\hat{h}_6=0 \\ \hat{h}_2-\hat{h}_4+\hat{h}_5=0 \\ \hat{h}_3-\hat{h}_5+\hat{h}_6=0 \end{array}\right\} \qquad (4.14)$$

将 $\hat{h}_i=h_i+v_i$ 代入式（4.14），得改正数条件方程

$$\left.\begin{array}{l} v_1+v_4-v_6+w_a=0 \\ v_2-v_4+v_5+w_b=0 \\ v_3-v_5+v_6+w_c=0 \end{array}\right\} \qquad (4.15)$$

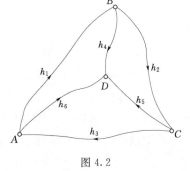

图 4.2

式中，闭合差为

$$
\left.\begin{array}{l}
w_a = h_1 + h_4 - h_6 \\
w_b = h_2 - h_4 + h_5 \\
w_c = h_3 - h_5 + h_6
\end{array}\right\}
\tag{4.16}
$$

当然，对于上述问题，在列立条件方程时，也可选择另外 3 个线性无关的条件方程。

  2. 测角网的条件方程

  测角网的布设有多种形式，但一般是由诸如三角形、四边形和不同边数的中点多边形等基本图形互相邻接或互相重叠而成的。在任何闭合图形中，各内角之间、内角与边长之间，都存在一定的几何关系，只要有多余观测，根据这些几何关系，便可构成一定的条件，它的数学表达式就成为测角网的基本条件方程。

  测角网的基本条件方程主要有图形条件、圆周条件和极条件三种类型。

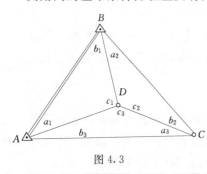

图 4.3

  如图 4.3 为一测角网，其中 A、B 点为已知坐标点，C、D 点为待定坐标点，共观测了 9 个水平角，即 a_i，b_i，$c_i(i=1，2，3)$，则观测数 $n=9$，必要观测数 $t=4$，多余观测数 $r=n-t=5$，应列出 5 个独立的条件方程。

  （1）图形条件（内角和条件）。图形条件是指每个闭合的平面多边形中，诸内角平差值之和应等于其理论值。如平面上任意三角形的内角和应等于 $180°$，n 边形的内角和应等于 $(n-2)\times180°$。图 4.3 的测角网可以列出 3 个形式最简单的独立的图形条件方程，即

$$
\left.\begin{array}{l}
\hat{a}_1 + \hat{b}_1 + \hat{c}_1 - 180° = 0 \\
\hat{a}_2 + \hat{b}_2 + \hat{c}_2 - 180° = 0 \\
\hat{a}_3 + \hat{b}_3 + \hat{c}_3 - 180° = 0
\end{array}\right\}
\tag{4.17}
$$

其改正数表示的条件方程为

$$
\left.\begin{array}{l}
v_{a_1} + v_{b_1} + v_{c_1} + w_a = 0 \\
v_{a_2} + v_{b_2} + v_{c_2} + w_b = 0 \\
v_{a_3} + v_{b_3} + v_{c_3} + w_c = 0
\end{array}\right\}
\tag{4.18}
$$

式中，闭合差为

$$
\left.\begin{array}{l}
w_a = a_1 + b_1 + c_1 - 180° \\
w_b = a_2 + b_2 + c_2 - 180° \\
w_c = a_3 + b_3 + c_3 - 180°
\end{array}\right\}
\tag{4.19}
$$

  （2）圆周条件（水平条件）。当三角网中有中点多边形，并且在中心点上观测了所有角度，为了保证几何图形能够完全闭合，那么各中心角的平差值之和应该等于 $360°$，这个条件称为圆周条件，也称为水平条件。圆周条件方程的个数等于观测了全部中心角的中心点的个数。图 4.3 可以列出 1 个圆周条件方程为

$$
\hat{c}_1 + \hat{c}_2 + \hat{c}_3 - 360° = 0
\tag{4.20}
$$

即

$$v_1 + v_2 + v_3 + w_d = 0 \qquad (4.21)$$

其中

$$w_d = c_1 + c_2 + c_3 - 360° \qquad (4.22)$$

（3）极条件（边长条件）。在大地四边形、中点多边形等图形中，虽然图形条件和圆周条件都已经满足，但还不能保证几何图形的完全闭合。因为，几何图形还与三角形的边长有关，所以还必须考虑满足边长条件的问题。在一定的图形中，若以三角形的公共顶点为极，由任一边出发，围绕极点，用平差值推算各边长再回到起始边，推算值应与起算值相等。凡满足这一几何关系而构成的条件，称为极条件，也称为边长条件。测角网中的极条件个数，等于中点多边形、大地四边形和扇形的总个数。如图 4.3 中，以 D 点为极点，由 DA 边出发，根据正弦定理，用平差后的角度推算 DB、DC 边，再回到 DA 边时，其推算边长应等于该边原来的长度，即有条件方程

$$\frac{\sin\hat{a}_1 \sin\hat{a}_2 \sin\hat{a}_3}{\sin\hat{b}_1 \sin\hat{b}_2 \sin\hat{b}_3} - 1 = 0 \qquad (4.23)$$

极条件方程为非线性形式，应按台劳公式展开并取至一次项，将非线性方程转化为线性方程。

将 $\hat{L}_i = L_i + v_i$ 代入式（4.23），展开可得

$$\frac{\sin(a_1 + v_{a_1})\sin(a_2 + v_{a_2})\sin(a_3 + v_{a_3})}{\sin(b_1 + v_{b_1})\sin(b_2 + v_{b_2})\sin(b_3 + v_{b_3})} - 1 = \frac{\sin a_1 \sin a_2 \sin a_3}{\sin b_1 \sin b_2 \sin b_3}$$

$$+ \frac{\sin a_1 \sin a_2 \sin a_3}{\sin b_1 \sin b_2 \sin b_3}\cot a_1 \frac{v_{a_1}}{\rho''} + \frac{\sin a_1 \sin a_2 \sin a_3}{\sin b_1 \sin b_2 \sin b_3}\cot a_2 \frac{v_{a_2}}{\rho''}$$

$$+ \frac{\sin a_1 \sin a_2 \sin a_3}{\sin b_1 \sin b_2 \sin b_3}\cot a_3 \frac{v_{a_3}}{\rho''} - \frac{\sin a_1 \sin a_2 \sin a_3}{\sin b_1 \sin b_2 \sin b_3}\cot b_1 \frac{v_{b_1}}{\rho''}$$

$$- \frac{\sin a_1 \sin a_2 \sin a_3}{\sin b_1 \sin b_2 \sin b_3}\cot b_2 \frac{v_{b_2}}{\rho''} - \frac{\sin a_1 \sin a_2 \sin a_3}{\sin b_1 \sin b_2 \sin b_3}\cot b_3 \frac{v_{b_3}}{\rho''} - 1 = 0$$

其中：$\rho'' = 206265''$。

化简后，得

$$\cot v_{a_1} + \cot v_{a_2} + \cot v_{a_3} - \cot v_{b_1} - \cot v_{b_2} - \cot v_{b_3} + \left(1 - \frac{\sin b_1 \sin b_2 \sin b_3}{\sin a_1 \sin a_2 \sin a_3}\right)\rho'' = 0$$

$$(4.24)$$

需要指出的是，上面讨论的是仅有必要起算数据的测角网所具有的基本条件方程的形式。倘若三角网的起算数据多于必要的起算数据，即在必要起算数据的基础上，还已知其他点的坐标、或其他边的坐标方位角、或其他的边长，则该三角网除可能产生上述图形条件、圆周条件及极条件方程之外，还应有因为多余的起算数据而产生的附合条件方程。这些条件方程的作用是，将所布设测角网强制附合到全部起算数据上，故称附合条件。

附合条件主要有基线条件或固定边条件、坐标方位角条件或固定角条件及纵、横坐标条件方程几种类型。

在一个三角网中，如果有两条或两条以上的边长已知时，由其中一条已知边起算，用

平差后的角值经各三角形推算至另一已知边，其推算结果应等于该边已知长度，称为基线条件或固定边条件。基线条件方程形式与极条件方程形式类似。当三角网中有两条或两条以上边长的坐标方位角已知时，由其中一条边的已知坐标方位角起算，用平差后的角值推算至另一边的已知坐标方位角时，其推算结果应等于该边已知坐标方位角，称为方位角条件或固定角条件。当三角网中有两个以上的点的坐标已经时，由其中一已知点的坐标起算，用平差后的角值及计算的边长推算到另一已知点时，其推算结果应等于该点已知坐标，称为坐标条件。在列立纵、横坐标条件方程时，应先从坐标增量平差值出发，再考虑到坐标增量值是边长、坐标方位角的函数，及边长、坐标方位角又是角度的函数，最后将坐标增量平差值表示为角度平差值的函数。

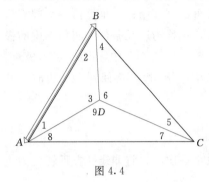

图 4.4

【例 4.2】 在图 4.4 的测角网中，同精度观测了 9 个水平角值 $L_1 = 30°52'39.2''$、$L_2 = 42°16'41.2''$、$L_3 = 106°50'40.6''$、$L_4 = 33°40'54.8''$、$L_5 = 20°58'26.4''$、$L_6 = 125°20'37.2''$、$L_7 = 23°45'12.5''$、$L_8 = 28°26'07.9''$、$L_9 = 127°48'39.0''$。试列出条件方程。

解：本例中，$n=9$，$t=4$，则 $r=5$。

三个图形条件方程为

$$v_1 + v_2 + v_3 + 1.0'' = 0$$
$$v_4 + v_5 + v_6 - 1.6'' = 0$$
$$v_7 + v_8 + v_9 - 0.6'' = 0$$

一个圆周条件方程为

$$v_3 + v_6 + v_9 - 3.2'' = 0$$

一个极条件方程为

$$1.67v_1 - 1.10v_2 + 1.50v_4 - 2.61v_5 + 2.27v_7 - 1.85v_8 - 33.12'' = 0$$

3. 测边网的条件方程

测边网图形结构与测角网图形结构一样，也是由三角形、大地四边形和中点多边形等几种基本图形所组成。当测边网中存在多余观测时，一般要根据图形列立条件方程。

测边网条件方程列立时的基本思路是：根据边长观测值求出网中有关角度的数值，分析图形以角度平差值列出条件方程，并转化为角度改正数所表示的条件方程；再根据边长与角度的关系式，推算出角度改正数与边长改正数间的关系式；以边长改正数代换原来条件方程中的角度改正数，就得到以边改正数所表示的条件方程。下面仅分析边长改正数与角度改正数间的关系式。

如图 4.5，S_a、S_b 和 S_c 为边长观测值，h_c 为 AB 边上的高，A、B 和 C 是根据边长观测值按余弦定理计算出来的角度值。

由余弦定理，有

$$\hat{S}_c^2 = \hat{S}_a^2 + \hat{S}_b^2 - 2\hat{S}_a\hat{S}_b \quad \cos\hat{C} \quad (4.25)$$

两边微分，则得

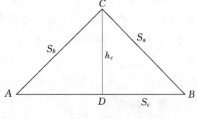

图 4.5

$$2S_c dS_c = 2S_a dS_a + 2S_b dS_b - 2S_b \cos C dS_a - 2S_a \cos C dS_b + 2S_a S_b \sin C dC$$

即

$$dC = \frac{1}{S_a S_b \sin C} \left[S_c dS_c - (S_a - S_b \cos C) dS_a - (S_b - S_a \cos C) dS_b \right]$$

考虑到

$$S_a S_b \sin C = S_c h_c$$

$$S_a - S_b \cos C = S_c \cos B \qquad S_b - S_a \cos C = S_c \cos A$$

所以有

$$dC = \frac{1}{h_c}(dS_c - \cos B dS_a - \cos A dS_b)$$

将上式中的微分换成相应的改正数，同时考虑到角度改正数是以秒为单位的，则上式可写成

$$v''_C = \frac{\rho''}{h_c}(v_{S_c} - \cos B v_{S_a} - \cos A v_{S_b}) \tag{4.26}$$

其中：$\rho'' = 206265''$

这就是角度改正数与三个边长改正数之间的关系式。即任意一角的改正数等于其对边的改正数与两个邻边的改正数分别与其邻角余弦乘积负值之和，再乘以 ρ'' 为分子、以该角至其对边之高为分母的分数。

【**例 4.3**】 如图 4.6 是一个测边中点四边形，其中 A 点坐标 (x_A, y_A) 和 AB 边坐标方位角 α_{AB} 为已知，B、C、D、E 点为待定点，现观测边长 $S_i(i=1, 2, \cdots, 8)$，试列立条件方程。

解：本题中，观测总数 $n=8$，必要观测数 $t=7$，多余观测数 $r=1$。

如图 4.6，设 L_1，L_2，$\cdots$，L_{12} 是根据边长观测值计算而得的相应角度，h_2，h_5，h_8，h_{11} 分别为角 L_2，L_5，L_8，L_{11} 在相应三角形中的高，可计算得到。则测边中点四边形条件方程为

$$\hat{L}_2 + \hat{L}_5 + \hat{L}_8 + \hat{L}_{11} - 360° = 0 \tag{4.27}$$

式（4.27）仍称为圆周角条件方程式。因为

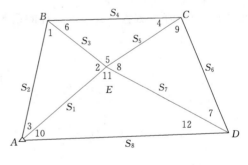

图 4.6

$$\hat{L}_i = L_i + v_i \tag{4.28}$$

将式（4.28）代入式（4.27）得

$$L_2 + v_2 + L_5 + v_5 + L_8 + v_8 + L_{11} + v_{11} - 360° = 0$$

令

$$w = L_2 + L_5 + L_8 + L_{11} - 360°$$

所以角度改正数表示的条件方程为

$$v_2 + v_5 + v_8 + v_{11} + w = 0 \tag{4.29}$$

因为

$$v_2 = \frac{\rho''}{h_2}(v_{S_2} - \cos L_3\, v_{S_1} - \cos L_1\, v_{S_3})$$

$$v_5 = \frac{\rho''}{h_5}(v_{S_4} - \cos L_6\, v_{S_3} - \cos L_4\, v_{S_5})$$

$$v_8 = \frac{\rho''}{h_8}(v_{S_6} - \cos L_9\, v_{S_5} - \cos L_7\, v_{S_7})$$

$$v_{11} = \frac{\rho''}{h_{11}}(v_{S_8} - \cos L_{12}\, v_{S_7} - \cos L_{10}\, v_{S_1})$$

$$(4.30)$$

将式（4.30）代入式（4.29），并整理得以边长改正数表示的条件方程

$$-\left(\frac{\rho''}{h_2}\cos L_3 + \frac{\rho''}{h_{11}}\cos L_{10}\right)v_{S_1} + \frac{\rho''}{h_2}v_{S_2} - \left(\frac{\rho''}{h_2}\cos L_1 + \frac{\rho''}{h_5}\cos L_6\right)v_{S_3} + \frac{\rho''}{h_5}v_{S_4}$$

$$-\left(\frac{\rho''}{h_5}\cos L_4 + \frac{\rho''}{h_8}\cos L_9\right)v_{S_5} + \frac{\rho''}{h_8}v_{S_6} - \left(\frac{\rho''}{h_8}\cos L_7 + \frac{\rho''}{h_{11}}\cos L_{12}\right)v_{S_7} + \frac{\rho''}{h_{11}}v_{S_8} + w = 0$$

4.3 条件平差的法方程

条件方程列出以后，下一步计算工作就是组成法方程并解算。

4.3.1 法方程式组成

法方程的系数是由条件方程系数和观测值的权组成，法方程的自由项就是条件方程的自由项，法方程的个数等于多余观测数 r。

设某平差问题，有 n 个独立观测值，而观测值的权阵为 $\underset{nn}{P}$，是对角阵。现分析问题后列立 r 个线性条件方程，其条件方程的系数阵为 $\underset{rn}{A}$，常数项阵为 $\underset{r1}{W}$。则法方程系数阵为

$$N_{aa} = AP^{-1}A^{\mathrm{T}} = \begin{bmatrix} a_1 & a_2 & \cdots & a_n \\ b_1 & b_2 & \cdots & b_n \\ \vdots & \vdots & \vdots & \vdots \\ r_1 & r_2 & \cdots & r_n \end{bmatrix} \begin{bmatrix} \frac{1}{P_1} & & & \\ & \frac{1}{P_2} & & \\ & & \vdots & \\ & & & \frac{1}{P_n} \end{bmatrix} \begin{bmatrix} a_1 & a_2 & \cdots & a_n \\ b_1 & b_2 & \cdots & b_n \\ \vdots & \vdots & \vdots & \vdots \\ r_1 & r_2 & \cdots & r_n \end{bmatrix}^{\mathrm{T}}$$

$$= \begin{bmatrix} \left[\frac{aa}{p}\right] & \left[\frac{ab}{p}\right] & \cdots & \left[\frac{ar}{p}\right] \\ \left[\frac{ab}{p}\right] & \left[\frac{bb}{p}\right] & \cdots & \left[\frac{br}{p}\right] \\ \vdots & \vdots & \vdots & \vdots \\ \left[\frac{ar}{p}\right] & \left[\frac{br}{p}\right] & \cdots & \left[\frac{rr}{p}\right] \end{bmatrix}$$

法方程系数阵是 r 阶对称矩阵。

设联系数阵为 $\underset{r1}{K}$，则法方程为

$$\underset{rr}{N_{aa}}\,\underset{r1}{K} + \underset{r1}{W} = \underset{r1}{0}$$

$$(4.31)$$

4.3.2 法方程式解算

法方程式组成无误后，就可以解算法方程，求出联系数 K 值。法方程式的解算方法很多，主要有直接法和迭代法。当条件方程式较多时，法方程系数阵计算、法方程式解算工作量均较大，且容易出错，这时，可以用特定的表格计算或通过计算机编程进行计算。这里简单介绍用伴随矩阵法来求逆阵的方法。

对式（4.31）的方程两边同时左乘 N_{aa}^{-1}，并移项，得

$$K = - N_{aa}^{-1} W \tag{4.32}$$

式中：N_{aa}^{-1} 是法方程系数阵的逆矩阵。

而

$$N_{aa}^{-1} = \frac{1}{|N_{aa}|} N_{aa}^{*}$$

式中：$|N_{aa}|$ 为法方程系数矩阵的行列式值；N_{aa}^{*} 是系数矩阵 N_{aa} 的伴随矩阵，其中元素 N_{ij} 为系数阵 N_{aa} 中元素 n_{ij} 的代数余子式。

联系数 K 解算出来后，代入改正数方程，可计算观测值的改正数，进而求出观测值的平差值。

【例 4.4】 解算下列法方程组

$$4k_a + 2k_b - k_c - 0.87 = 0$$
$$2k_a + 5k_b + 3k_c - 1.12 = 0$$
$$- k_a + 3k_b + 6k_c + 0.41 = 0$$

解： 由题知

$$N_{aa} = \begin{bmatrix} 4 & 2 & -1 \\ 2 & 5 & 3 \\ -1 & 3 & 6 \end{bmatrix} \quad W = \begin{bmatrix} -0.87 \\ -1.12 \\ +0.41 \end{bmatrix}$$

则

$$N_{aa}^{-1} = \frac{1}{43} \begin{bmatrix} 21 & -15 & 11 \\ -15 & 25 & -14 \\ 11 & -14 & 16 \end{bmatrix}$$

所以

$$K = - N_{aa}^{-1} W = - \frac{1}{43} \begin{bmatrix} 21 & -15 & 11 \\ -15 & 25 & -14 \\ 11 & -14 & 16 \end{bmatrix} \begin{bmatrix} -0.87 \\ -1.12 \\ +0.41 \end{bmatrix} = \begin{bmatrix} -0.0707 \\ 0.4811 \\ -0.2947 \end{bmatrix}$$

4.4 条件平差的精度评定

测量平差的目的，不仅仅是为了求取观测值的最或是值，而且很重要的一点是要了解观测量平差值及观测量平差值函数的精度是否符合预期的要求，是否满足生产需要，因此，在测量平差工作中还必须对平差结果的精度进行评定。

4.4.1 单位权中误差的计算

一个平差问题，不论采用何种基本平差方法，其单位权中误差估值的计算公式都为

$$\hat{\sigma}_0 = \sqrt{\frac{[pvv]}{n-t}} = \sqrt{\frac{[pvv]}{r}} \tag{4.33a}$$

或

$$\hat{\sigma}_0 = \sqrt{\frac{V^{\mathrm{T}}PV}{r}} \tag{4.33b}$$

式中：n 为观测量的总数；t 为必要观测个数；r 为多余观测个数。

若是同精度观测时，单位权中误差估值的计算公式可写为

$$\hat{\sigma}_0 = \sqrt{\frac{[vv]}{r}} = \sqrt{\frac{V^{\mathrm{T}}V}{r}} \tag{4.34}$$

为了计算单位权中误差，必须首先计算 $[pvv]$ 或 $V^{\mathrm{T}}PV$。$[pvv]$ 的计算方法主要有以下几种：

（1）用改正数 v_i 直接计算。

$$V^{\mathrm{T}}PV = [pvv] = p_1 v_1^2 + p_2 v_2^2 + \cdots + p_n v_n^2 \tag{4.35}$$

其中，改正数 v_i 值是由法方程解算的联系数 K 代入到改正数方程后求得，其计算式为

$$v_i = \frac{1}{p_i}(a_i k_a + b_i k_b + \cdots + r_i k_i) \quad (i=1,2,\cdots,n) \tag{4.36}$$

（2）用法方程的联系数及自由项计算。

设有 r 个条件方程

$$\left. \begin{array}{l} [av] = -w_a \\ [bv] = -w_b \\ \vdots \quad \vdots \\ [rv] = -w_r \end{array} \right\} \tag{4.37}$$

考虑到改正数方程为

$$\left. \begin{array}{l} v_1 = \frac{1}{p_1}(a_1 k_a + b_1 k_b + \cdots + r_1 k_r) \\ v_2 = \frac{1}{p_2}(a_2 k_a + b_2 k_b + \cdots + r_2 k_r) \\ \vdots \quad \vdots \quad \vdots \quad \vdots \quad \vdots \\ v_n = \frac{1}{p_n}(a_n k_a + b_n k_b + \cdots + r_n k_r) \end{array} \right\} \tag{4.38}$$

以 $p_i v_i (i=1, 2, \cdots, n)$ 分别乘上述相应各式，再相加后得

$$[pvv] = [av]k_a + [bv]k_b + \cdots + [rv]k_r \tag{4.39}$$

即

$$[pvv] = -w_a k_a - w_b k_b - \cdots - w_r k_r \tag{4.40}$$

式（4.40）说明，$[pvv]$ 等于法方程自由项与相应联系数的乘积和，并反号。

（3）用矩阵计算。

由 $AV=-W$ 及 $V=P^{-1}A^{\mathrm{T}}K$，可得

$$V^{\mathrm{T}}PV = (P^{-1}A^{\mathrm{T}}K)^{\mathrm{T}}PP^{-1}A^{\mathrm{T}}K = K^{\mathrm{T}}N_{aa}K \tag{4.41}$$

或

$$V^{\mathrm{T}}PV = V^{\mathrm{T}}PP^{-1}A^{\mathrm{T}}K = V^{\mathrm{T}}A^{\mathrm{T}}K = (AV)^{\mathrm{T}}K = -W^{\mathrm{T}}K \qquad (4.42)$$

4.4.2 平差值函数的中误差的计算

在进行精度评定时，除了要计算观测值单位权中误差外，还要计算观测值平差值函数的中误差。如水准测量中求算某些待定点平差后高程的精度，三角测量中求算某些待定点平差后坐标或某些边平差后边长、坐标方位角的精度，都属于求平差值函数中误差的问题。

在计算平差值函数的中误差时，可以先由观测值的协因数按照协因数传播定律计算观测值平差值的协因数，再根据平差值函数式按照协因数传播定律计算平差值函数的协因数，最后考虑到单位权中误差来计算平差值函数的中误差。

1. 观测值平差值协因数的计算

设有独立观测值 L，其权阵为 P，协因数阵为 $Q = P^{-1}$，则根据条件平差原理，有

$$V = P^{-1}A^{\mathrm{T}}K = QA^{\mathrm{T}}K$$

因为

$$K = -N_{aa}^{-1}W = -N_{aa}^{-1}(AL + A_0)$$

所以

$$V = QA^{\mathrm{T}}(-N_{aa}^{-1}AL - N_{aa}^{-1}A_0)$$

而

$$\hat{L} = L + V = (I - QA^{\mathrm{T}}N_{aa}^{-1}A)L - QA^{\mathrm{T}}N_{aa}^{-1}A_0 \qquad (4.43)$$

根据协因数传播定律，有

$$Q_{\hat{L}\hat{L}} = Q - QA^{\mathrm{T}}N_{aa}^{-1}AQ \qquad (4.44)$$

2. 平差值函数协因数的计算

设平差值函数的一般形式为

$$\hat{F} = f(\hat{L}_1, \hat{L}_2, \cdots, \hat{L}_n) \qquad (4.45)$$

如果 $\hat{F}$ 为非线性函数，应将式（4.45）求全微分，转化成线性函数的形式

$$\hat{F} = f(L_1, L_2, \cdots, L_n) + \left(\frac{\partial f}{\partial \hat{L}_1}\right)_0 \mathrm{d}\hat{L}_1 + \left(\frac{\partial f}{\partial \hat{L}_2}\right)_0 \mathrm{d}\hat{L}_2 + \cdots + \left(\frac{\partial f}{\partial \hat{L}_n}\right)_0 \mathrm{d}\hat{L}_n \qquad (4.46)$$

令

$$f^{\mathrm{T}} = \begin{bmatrix} f_1 & f_2 & \cdots & f_n \end{bmatrix} = \left[\left(\frac{\partial f}{\partial \hat{L}_1}\right)_0 \quad \left(\frac{\partial f}{\partial \hat{L}_2}\right)_0 \quad \cdots \quad \left(\frac{\partial f}{\partial \hat{L}_n}\right)_0 \right]$$

$$F^0 = f(L_1, L_2, \cdots, L_n) \quad \mathrm{d}\hat{L} = \begin{bmatrix} \mathrm{d}\hat{L}_1 & \mathrm{d}\hat{L}_2 & \cdots & \mathrm{d}\hat{L}_n \end{bmatrix}$$

则式（4.46）可写成

$$\hat{F} = F^0 + f^{\mathrm{T}}\mathrm{d}\hat{L} \qquad (4.47)$$

而 $\hat{F}$ 的微分为

$$\mathrm{d}\hat{F} = f^{\mathrm{T}}\mathrm{d}\hat{L} \qquad (4.48)$$

式（4.48）称为权函数式。

根据协因数传播定律，有

$$Q_{\hat{F}\hat{F}} = f^{\mathrm{T}}Q_{\hat{L}\hat{L}}f \qquad (4.49)$$

或

$$Q_{\hat{F}\hat{F}} = f^{\mathrm{T}}Qf - (AQf)^{\mathrm{T}}N_{aa}^{-1}AQf \tag{4.50}$$

3. 平差值函数中误差的计算

根据单位权方差与某量的方差、协因数之间的关系，平差值函数的中误差为

$$\hat{\sigma}_{\hat{F}} = \hat{\sigma}_0 \sqrt{Q_{\hat{F}\hat{F}}} \tag{4.51}$$

综上所述，求平差值函数的中误差的计算步骤可归纳如下。

（1）求单位权中误差。

（2）求观测值平差值的协因数阵。

（3）根据题意要求，列出平差值函数式。如平差值函数式是非线性的，需要进行线性化。

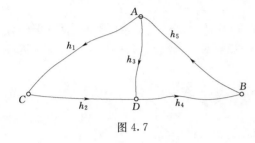

图 4.7

（4）求平差值函数的协因数。

（5）求平差值函数的中误差。

【**例 4.5**】 图 4.7 所示的水准网中，假定 A 点高程已知，独立观测各水准路线，各水准路线的长度分别为 $s_1 = 4\mathrm{km}$，$s_2 = 2\mathrm{km}$，$s_3 = 4\mathrm{km}$，$s_4 = 4\mathrm{km}$，$s_5 = 2\mathrm{km}$。试求 B 点最或然高程的协因数。

解：（1）由图知 $n=5$，$t=3$，$r=2$，两个条件方程分别为

$$v_1 + v_2 - v_3 + w_a = 0$$
$$v_3 + v_4 + v_5 + w_b = 0$$

即

$$A = \begin{bmatrix} 1 & 1 & -1 & 0 & 0 \\ 0 & 0 & 1 & 1 & 1 \end{bmatrix}$$

（2）令 $C=1$，即以 1km 观测高差为单位权观测值，所以有

$$Q = P^{-1} = \begin{bmatrix} 4 & & & & \\ & 2 & & & \\ & & 4 & & \\ & & & 4 & \\ & & & & 2 \end{bmatrix}$$

于是

$$N_{aa} = \begin{bmatrix} 1 & 1 & -1 & 0 & 0 \\ 0 & 0 & 1 & 1 & 1 \end{bmatrix} \begin{bmatrix} 4 & & & & \\ & 2 & & & \\ & & 4 & & \\ & & & 4 & \\ & & & & 2 \end{bmatrix} \begin{bmatrix} 1 & 0 \\ 1 & 0 \\ -1 & 1 \\ 0 & 1 \\ 0 & 1 \end{bmatrix} = \begin{bmatrix} 10 & -4 \\ -4 & 10 \end{bmatrix}$$

所以

$$N_{aa}^{-1} = \frac{1}{42}\begin{bmatrix} 5 & 2 \\ 2 & 5 \end{bmatrix}$$

则

$$Q_{LL} = Q - QA^{\mathrm{T}}N_{aa}^{-1}AQ = \frac{1}{21}\begin{bmatrix} 44 & -20 & 24 & -16 & -8 \\ -20 & 22 & 12 & -8 & -4 \\ 24 & 12 & 36 & -24 & -12 \\ -16 & -8 & -24 & 44 & -20 \\ -8 & -4 & -12 & -20 & 32 \end{bmatrix}$$

（3）按题意列出平差值函数式

$$H_B = H_A - \hat{h}_5$$

有

$$f^{\mathrm{T}} = \begin{bmatrix} 0 & 0 & 0 & 0 & -1 \end{bmatrix}$$

所以按式 $Q_{FF} = f^{\mathrm{T}}Qf - (AQf)^{\mathrm{T}}N_{aa}^{-1}AQf$ 进行计算，有

$$Q_{H_B} = 1.52$$

【例 4.6】 在图 4.8 中，6 个同精度角度观测值分别为 $L_1 = 45°30'46''$、$L_2 = 67°22'03''$、$L_3 = 67°07'14''$、$L_4 = 69°03'14''$、$L_5 = 52°32'22''$、$L_6 = 58°24'18''$。AB 边长为已知并设无误差。经平差后，求得单位权测角中误差为 $\hat{\sigma}_0 = 4.8''$。试求 CD 边的边长相对中误差。

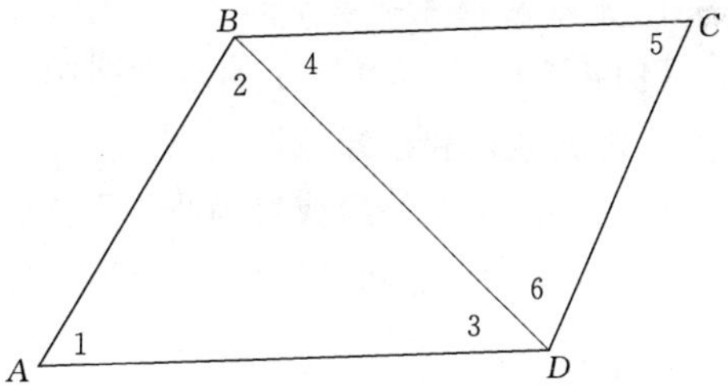

解：（1）由图知 $r = 2$，其条件方程为

$$\left.\begin{array}{l} v_1 + v_2 + v_3 + w_a = 0 \\ v_4 + v_5 + v_6 + w_b = 0 \end{array}\right\}$$

有

图 4.8

$$A = \begin{bmatrix} 1 & 1 & 1 & 0 & 0 & 0 \\ 0 & 0 & 0 & 1 & 1 & 1 \end{bmatrix}$$

（2）设观测角的权均为 1，所以 $Q = I$

$$N_{aa} = AA^{\mathrm{T}} = \begin{bmatrix} 3 & 0 \\ 0 & 3 \end{bmatrix} \quad N_{aa}^{-1} = \begin{bmatrix} \dfrac{1}{3} & 0 \\ 0 & \dfrac{1}{3} \end{bmatrix}$$

（3）平差后 CD 边长的函数式为

$$\hat{S}_{CD} = S_{AB}\frac{\sin\hat{L}_1\sin\hat{L}_4}{\sin\hat{L}_3\sin\hat{L}_5}$$

求其全微分，则得权函数式

$$\mathrm{d}\hat{S}_{CD} = S_{CD}\cot L_1\frac{\mathrm{d}\hat{L}_1}{\rho''} + S_{CD}\cot L_4\frac{\mathrm{d}\hat{L}_4}{\rho''} - S_{CD}\cot L_3\frac{\mathrm{d}\hat{L}_3}{\rho''} - S_{CD}\cot L_5\frac{\mathrm{d}\hat{L}_5}{\rho''}$$

令

$$\mathrm{d}\hat{F} = \frac{\mathrm{d}\hat{S}_{CD}}{S_{CD}}\rho'' = \cot L_1\mathrm{d}\hat{L}_1 + \cot L_4\mathrm{d}\hat{L}_4 - \cot L_3\mathrm{d}\hat{L}_3 - \cot L_5\mathrm{d}\hat{L}_5$$

$$= 0.98\mathrm{d}L_1 - 0.42\mathrm{d}L_3 + 0.38\mathrm{d}L_4 - 0.77\mathrm{d}L_5$$

于是有

$$f^{\mathrm{T}} = \begin{bmatrix} 0.98 & 0 & -0.42 & 0.38 & -0.77 & 0 \end{bmatrix}$$

经计算，得

$$Q_{FF} = 1.71$$

$$\hat{\sigma}_F = \hat{\sigma}_0 \sqrt{Q_{FF}} = 6.28''$$

由于

$$d\hat{F} = \frac{d\hat{S}_{CD}}{S_{CD}}\rho''$$

有

$$\frac{\hat{\sigma}_{S_{CD}}}{S_{CD}} = \frac{\hat{\sigma}_F}{\rho''} = \frac{6.28}{206265} = \frac{1}{33000}$$

4.5 条 件 平 差 示 例

1. 水准网条件平差示例

【例 4.7】 图 4.9 所示的水准网中，A、B 为已知高程的水准点，P_1、P_2 及 P_3 为待定点，观测数据和已知数据见表 4.1，试按条件平差法求：

（1）各待定点的最或然高程。

（2）$P_1 \sim P_2$ 点间平差后高差中误差。

表 4.1

线路	观测高差 （m）	路线长 （km）	已知点高程 （m）	线路	观测高差 （m）	路线长 （km）	已知点高程 （m）
1	+1.359	1.1		5	+0.657	2.4	
2	+2.009	1.7	$H_A=5.016$	6	+0.238	1.4	
3	+0.363	2.3	$H_B=6.016$	7	−0.595	2.6	
4	+1.012	2.7					

解：（1）列条件方程式。

本题中 $n=7$，$t=3$，故有多余观测数 $r=n-t=4$，条件方程为

$$\left.\begin{array}{l} v_1 - v_2 + v_5 + 7 = 0 \\ v_3 - v_4 + v_5 + 8 = 0 \\ v_3 + v_6 + v_7 + 6 = 0 \\ v_2 - v_4 - 3 = 0 \end{array}\right\}$$

式中，闭合差以 mm 为单位。而条件方程的系数阵和常数项阵分别为

$$A_{4\times 7} = \begin{bmatrix} 1 & -1 & 0 & 0 & 1 & 0 & 0 \\ 0 & 0 & 1 & -1 & 1 & 0 & 0 \\ 0 & 0 & 1 & 0 & 0 & 1 & 1 \\ 0 & 1 & 0 & -1 & 0 & 0 & 0 \end{bmatrix} \qquad W_{4\times 1} = \begin{bmatrix} 7 \\ 8 \\ 6 \\ -3 \end{bmatrix}$$

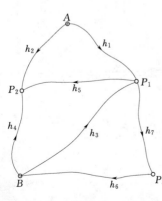

图 4.9

（2）确定观测值的权。

选定 $C=1$，故有 $\dfrac{1}{p_i}=S_i$，则观测值的权倒数（协因数）阵为

$$Q = P^{-1} = \begin{bmatrix} 1.1 & & & & & & \\ & 1.7 & & & & & \\ & & 2.3 & & & & \\ & & & 2.7 & & & \\ & & & & 2.4 & & \\ & & & & & 1.4 & \\ & & & & & & 2.6 \end{bmatrix}$$

（3）组成法方程式并解算。

组成的法方程为

$$\begin{bmatrix} 5.2 & 2.4 & 0 & -1.7 \\ 2.4 & 7.4 & 2.3 & 2.7 \\ 0 & 2.3 & 6.3 & 0 \\ -1.7 & 2.7 & 0 & 4.4 \end{bmatrix} \begin{bmatrix} k_a \\ k_b \\ k_c \\ k_d \end{bmatrix} + \begin{bmatrix} 7 \\ 8 \\ 6 \\ -3 \end{bmatrix} = 0$$

解得

$$k_a = -0.2226, \quad k_b = -1.4028, \quad k_c = -0.4414, \quad k_d = 1.4568$$

（4）改正数 v_i 的计算。利用改正数方程进行计算，得

$$v_1 = -0.2\text{mm}, \quad v_2 = 2.9\text{mm}, \quad v_3 = -4.2\text{mm}, \quad v_4 = -0.1\text{mm}, \quad v_5 = -3.9\text{mm},$$
$$v_6 = -0.6\text{mm}, \quad v_7 = -1.2\text{mm}$$

（5）平差值的计算。

$$\hat{h}_1 = 1.359 - 0.0002 = 1.3588\text{m}$$
$$\hat{h}_2 = 2.009 + 0.0029 = 2.0119\text{m}$$
$$\hat{h}_3 = 0.363 - 0.0042 = 0.3588\text{m}$$
$$\hat{h}_4 = 1.012 - 0.0001 = 1.0119\text{m}$$
$$\hat{h}_5 = 0.657 - 0.0039 = 0.6531\text{m}$$
$$\hat{h}_6 = 0.238 - 0.0006 = 0.2374\text{m}$$
$$\hat{h}_7 = -0.595 - 0.0012 = -0.5962\text{m}$$

（6）检核计算。

$$\left. \begin{array}{l} \hat{h}_1 - \hat{h}_2 + \hat{h}_5 = 0 \\ \hat{h}_3 - \hat{h}_4 + \hat{h}_5 = 0 \\ \hat{h}_3 + \hat{h}_6 + \hat{h}_7 = 0 \\ H_A + \hat{h}_2 - \hat{h}_4 - H_B = 0 \end{array} \right\}$$

（7）待定点高程计算。

$$\hat{H}_{p_1} = H_A + \hat{h}_1 = 6.3748\text{m}$$
$$\hat{H}_{p_2} = H_A + \hat{h}_2 = 7.0279\text{m}$$
$$\hat{H}_{p_3} = H_B - \hat{h}_6 = 5.7786\text{m}$$

（8）单位权中误差计算。

$$\hat{\sigma}_0 = \sqrt{\frac{V^{\mathrm{T}}PV}{r}} = \sqrt{\frac{19.8}{4}} = 2.2\text{mm}$$

即该水准网 1km 水准路线观测高差的中误差为 2.2mm。

（9）平差后 P_1 到 P_2 点间高差中误差计算。

平差值函数式为

$$F = \hat{h}_5$$

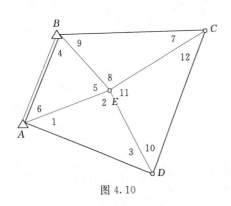

图 4.10

即平差值函数式的系数矩阵为

$$f^{\mathrm{T}} = [0\ 0\ 0\ 0\ 1\ 0\ 0]$$

平差值函数的协因数的计算值为

$$Q_{\hat{F}\hat{F}} = 0.99$$

平差值函数的中误差的计算值为

$$\hat{\sigma}_{\hat{h}_5} = \hat{\sigma}_0 \sqrt{Q_{\hat{F}\hat{F}}} = 2.2\sqrt{0.99} = 2.2\text{mm}$$

2. 测角网条件平差示例

【例 4.8】 如图 4.10 所示测角控制网，观测值见表 4.2，起算数据列入表 4.3，试求各观测值的平差值，并求最弱边的相对中误差。

表 4.2

角 号	观测角（° ′ ″）	角 号	观测角（° ′ ″）	角 号	观测角（° ′ ″）
1	58 33 13.8	5	123 26 42.3	9	56 27 54.6
2	78 55 03.3	6	31 33 40.7	10	53 31 54.4
3	42 31 42.6	7	46 41 46.9	11	80 47 54.7
4	24 59 36.3	8	76 50 19.7	12	45 40 08.9

表 4.3

等级	点 名	坐标（m）		坐标方位角 α	至何点	边长
		X	Y	（° ′ ″）		（m）
Ⅱ	A	3 553 106.74	412 513.61	15 08 44.6	B	11 532.48
Ⅱ	B	3 564 238.63	415 526.76			

解： 根据题意，$n=12$；$p=3$；$r=n-2p=12-6=6$。

（1）列条件方程式。

图形条件 4 个：

$$v_1 + v_2 + v_3 - 0.3 = 0$$

$$v_4 + v_5 + v_6 - 0.7 = 0$$

$$v_7 + v_8 + v_9 + 1.2 = 0$$

$$v_{10} + v_{11} + v_{12} - 2.0 = 0$$

圆周条件 1 个：

$$v_2 + v_5 + v_8 + v_{11} + 0 = 0$$

极条件 1 个：

$$0.61v_1 - 1.09v_3 + 2.15v_4 - 1.63v_6 + 0.94v_7 - 0.66v_9 + 0.74v_{10} - 0.98v_{12} - 3.77 = 0$$

$$A_{6\times12} = \begin{bmatrix} 1 & 1 & 1 & 0 & 0 & 0 & 0 & 0 & 0 & 0 & 0 & 0 \\ 0 & 0 & 0 & 1 & 1 & 1 & 0 & 0 & 0 & 0 & 0 & 0 \\ 0 & 0 & 0 & 0 & 0 & 0 & 1 & 1 & 1 & 0 & 0 & 0 \\ 0 & 0 & 0 & 0 & 0 & 0 & 0 & 0 & 0 & 1 & 1 & 1 \\ 0 & 1 & 0 & 0 & 1 & 0 & 0 & 1 & 0 & 0 & 1 & 0 \\ 0.61 & 0 & -1.09 & 2.15 & 0 & -1.63 & 0.94 & 0 & -0.66 & 0.74 & 0 & -0.98 \end{bmatrix}$$

$$W_{6\times1} = \begin{bmatrix} -0.3 \\ -0.7 \\ 1.2 \\ -2.0 \\ 0 \\ -3.77 \end{bmatrix}$$

（2）定权。

设为同精度观测，所以

$$p_i = 1 \quad (i = 1, 2, \cdots, 12)$$

（3）组成法方程并解算。

组成的法方程为

$$\begin{bmatrix} 3 & 0 & 0 & 0 & 1 & -0.48 \\ 0 & 3 & 0 & 0 & 1 & 0.52 \\ 0 & 0 & 3 & 0 & 1 & 0.28 \\ 0 & 0 & 0 & 3 & 1 & -0.24 \\ 1 & 1 & 1 & 1 & 4 & 0 \\ -0.48 & 0.52 & 0.28 & -0.24 & 0 & 11.67 \end{bmatrix} \begin{bmatrix} k_a \\ k_b \\ k_c \\ k_d \\ k_e \\ k_f \end{bmatrix} + \begin{bmatrix} -0.3 \\ -0.7 \\ 1.2 \\ -2.0 \\ 0 \\ -3.77 \end{bmatrix} = \begin{bmatrix} 0 \\ 0 \\ 0 \\ 0 \\ 0 \\ 0 \end{bmatrix}$$

解得

$$k_a = 0.2292, \quad k_b = 0.2472, \quad k_c = -0.3584,$$
$$k_d = 0.7682, \quad k_e = -0.2215, \quad k_f = 0.3459$$

（3）计算观测角的改正数。

利用改正数方程可求得

$$V = \begin{bmatrix} 0.4 & 0.0 & -0.1 & 1.0 & 0.0 & -0.3 & 0 & -0.6 & -0.6 & 1.0 & 0.6 & 0.4 \end{bmatrix}^{\mathrm{T}} ('')$$

（4）计算观测角的平差值。

根据以上结果，求得观测角的平差值如表 4.4 所示。

表 4.4

角　号	平差后角度（°　′　″）	角　号	平差后角度（°　′　″）	角　号	平差后角度（°　′　″）
1	58　33　14.2	3	42　31　42.5	5	123　26　42.3
2	78　55　03.3	4	24　59　37.3	6	31　33　40.4

续表

角 号	平差后角度（°　′　″）	角 号	平差后角度（°　′　″）	角 号	平差后角度（°　′　″）
7	46　41　46.9	9	56　27　54.0	11	80　47　55.3
8	76　50　19.1	10	53　31　55.4	12	45　40　09.3

以平差值代入条件方程进行检核，满足所有条件方程。

（5）单位权中误差计算。

$$\hat{\sigma}_0 = \sqrt{\frac{V^{\mathrm{T}}PV}{r}} = \sqrt{\frac{3.50}{6}} = 0.76''$$

（6）最弱边相对中误差的计算。

最弱边是距离起算边最远的边，如图 4.10 中的最弱边为 CD 边，其边长计算式为：

$$\hat{S}_{CD} = S_{AB}\frac{\sin\hat{L}_6\sin\hat{L}_9\sin\hat{L}_{11}}{\sin\hat{L}_5\sin\hat{L}_7\sin\hat{L}_{10}}$$

全微分后，其权函数式为

$$\mathrm{d}\hat{F} = \frac{\mathrm{d}\hat{S}_{CD}}{S_{CD}}\rho'' = \cot L_6\mathrm{d}\hat{L}_6 + \cot L_9\mathrm{d}\hat{L}_9 + \cot L_{11}\mathrm{d}\hat{L}_{11} - \cot L_5\mathrm{d}\hat{L}_5 - \cot L_7\mathrm{d}\hat{L}_7 - \cot L_{10}\mathrm{d}\hat{L}_{10}$$

有

$$f^{\mathrm{T}} = \begin{bmatrix} 0 & 0 & 0 & 0 & 0.66 & 1.63 & -0.94 & 0 & 0.66 & -0.74 & 0.16 & 0 \end{bmatrix}$$

经计算，得

$$Q_{\hat{F}\hat{F}} = 2.15$$

则

$$\hat{\sigma}_F = \hat{\sigma}_0\sqrt{Q_{\hat{F}\hat{F}}} = 0.76\sqrt{2.150} = 1.11$$

$$\frac{\hat{\sigma}_{S_{CD}}}{S_{CD}} = \frac{\hat{\sigma}_{\hat{F}}}{\rho''} = \frac{1.11}{206\quad265} \approx \frac{1}{185000}$$

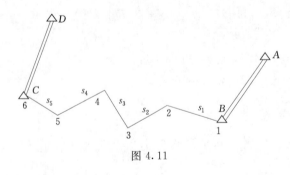

图 4.11

3. 导线网条件平差示例

【例 4.9】 在图 4.11 的附合导线中，A、B、C、D 为已知坐标点，已知数据及观测数据均列于表 4.5 中。测角中误差为 $\sigma = 5\sqrt{2}$（″），边长测量中误差为 $\sigma_{s_i} = 0.5\sqrt{s_i}$（mm）。试按条件平差法求各点的坐标平差值，并评定 4 号点的点位精度和 3～4 号边的坐标方位角精度。

表 4.5

点 号	已知坐标（m）		边 号	已知坐标方位角（°　′　″）
	x	y		
B	3020.348	−9049.801	AB	226　44　59
C	3702.437	−10133.399	CD	57　59　31

角度编号	观测角度 （° ′ ″）	边长编号	观测边长（m）	已知坐标方位角 （° ′ ″）
1	230 32 37	1	204.952	
2	180 00 42	2	200.130	
3	170 39 22	3	345.153	
4	236 48 37	4	278.059	
5	192 14 25	5	451.692	
6	260 59 01			

解：（1）列条件方程式。

附合导线有 3 个多余观测量，即条件方程式共有 3 个。在计算条件方程式系数时，近似坐标以米为单位，$\rho = 206.265$。

方位角条件方程一个：

$$v_1 + v_2 + v_3 + v_4 + v_5 + v_6 + 12'' = 0$$

纵、横坐标条件方程各一个：

$$5.2532v_1 + 4.2676v_2 + 3.3052v_3 + 1.6329v_4 + 0.8553v_5$$
$$+ 0.1269v_{s_1} + 0.1272v_{s_2} - 0.0356v_{s_3} + 0.8169v_{s_4} + 0.9206v_{s_5} + 51.50 = 0$$
$$3.3071v_1 + 3.1810v_2 + 3.0577v_3 + 3.1172v_4 + 2.0160v_5$$
$$- 0.9919v_{s_1} - 0.9919v_{s_2} - 0.9994v_{s_3} - 0.5768v_{s_4} - 0.3905v_{s_5} + 63.03 = 0$$

（2）权的确定。

设单位权中误差 $\sigma_0 = 5.0''$，则角度的权为

$$p_\beta = \frac{\sigma_0^2}{\sigma_\beta^2} = \frac{5^2}{(5\sqrt{2})^2} = \frac{1}{2}$$

因该导线的边长不超过 500m，测边中误差不超过 12mm，为使观测边的权与观测角度的权不致相差太大，定权时测边中误差以毫米为单位，则观测边的权为

$$p_{s_i} = \frac{\sigma_0^2}{\sigma_{s_i}^2} = \frac{25}{0.25s_i} = \frac{100}{s_i}('')^2/mm^2$$

或

$$\frac{1}{p_{s_i}} = \frac{s_i}{100}mm^2/('')^2$$

（3）法方程的组成和解算。

组成的法方程为

$$\left. \begin{array}{l} 12.0000k_a + 30.6276k_b + 29.3576k_c + 12.0000 = 0 \\ 30.6276k_a + 126.0117k_b + 92.4118k_c + 51.5000 = 0 \\ 29.3576k_a + 92.4118k_b + 97.4150k_c + 63.0300 = 0 \end{array} \right\}$$

解得

$$k_a = 2.1666; \quad k_b = 0.0593; \quad k_c = -1.3562$$

（4）改正数的计算

利用改正数方程可求得

$$V = [-4.0 \ -3.8 \ -3.6 \ -3.9 \ -1.0 \ 4.3 \ 2.8 \ 2.7 \ 4.7 \ 2.3 \ 2.6]^{\mathrm{T}}$$

其中，前 6 个改正数是角度观测值的改正数，以秒为单位；后 5 个改正数是边长观测值的改正数，以 mm 为单位。

（5）观测值平差值的计算。

根据以上结果，求得观测值的平差值及点的坐标平差值如表 4.6。

表 4.6

点 号	角度平差值 （° ′ ″）	边长平差值 （m）	坐标平差值（m）	
			x	y
1	230 32 33.0	204.9548	3020.348	−9049.801
2	180 00 38.2	200.1327	3046.363	−9253.098
3	170 39 18.4	345.1577	3071.802	−9451.607
4	236 48 33.1	278.0613	3059.504	−9796.546
5	192 14 24.0	451.6946	3286.628	−9956.960
6	260 59 05.3		3702.437	−10133.399

（6）精度评定。

单位权中误差 $\hat{\sigma}_0$ 为

$$\hat{\sigma}_0 = \sqrt{\frac{[pvv]}{r}} = \sqrt{\frac{56.43}{3}} = 4.3''$$

（7）平差值函数精度评定。

根据题意，列出平差值函数式为

$$\hat{\alpha}_{34} = \alpha_{AB} - \hat{\beta}_1 - \hat{\beta}_2 - \hat{\beta}_3 \pm 3 \times 180°$$

权函数式可写为

$$\hat{F}_{\alpha_{34}} = \mathrm{d}\hat{\beta}_1 + \mathrm{d}\hat{\beta}_2 + \mathrm{d}\hat{\beta}_3$$

另外二个平差值函数的权函数式分别为

$$\hat{F}_{x_4} = 3.6204\mathrm{d}\hat{\beta}_1 + 2.6347\mathrm{d}\hat{\beta}_2 + 1.6723\mathrm{d}\hat{\beta}_3 + 0.1269\mathrm{d}\hat{S}_1 + 0.1272\mathrm{d}\hat{S}_2 - 0.0356\mathrm{d}\hat{S}_3$$
$$\hat{F}_{y_4} = 0.1900\mathrm{d}\hat{\beta}_1 + 0.0638\mathrm{d}\hat{\beta}_2 - 0.0595\mathrm{d}\hat{\beta}_3 - 0.9919\mathrm{d}\hat{S}_1 - 0.9919\mathrm{d}\hat{S}_2 - 0.9994\mathrm{d}\hat{S}_3$$

经计算，可得

$$Q_{\hat{F}_\alpha} = 0.74$$
$$Q_{\hat{F}_x} = 4.44, \quad Q_{\hat{F}_y} = 4.57$$

所以，平差后 3～4 号边坐标方位角的中误差为

$$\hat{\sigma}_{\alpha_{34}} = \hat{\sigma}_0 \sqrt{Q_{\hat{F}_\alpha}} = 4.3\sqrt{0.74} = 3.7''$$

4 号点的纵、横坐标中误差分别为

$$\hat{\sigma}_{\hat{x}_4} = \hat{\sigma}_0 \sqrt{Q_{\hat{F}_X}} = 4.3\sqrt{4.44} = 9.1\mathrm{mm}$$
$$\hat{\sigma}_{\hat{y}_4} = \hat{\sigma}_0 \sqrt{Q_{\hat{F}_Y}} = 4.3\sqrt{4.57} = 9.2\mathrm{mm}$$

而 4 号点点位中误差为：

$$\hat{\sigma}_4 = \sqrt{\hat{\sigma}_x^2 + \hat{\sigma}_y^2} = \sqrt{9.1^2 + 9.2^2} = 12.9 \text{mm}$$

习　题

4.1　在条件平差中，条件方程的个数是多少？法方程的个数是多少？

4.2　指出下列各水准网中观测量的总个数、必要观测的个数及多余观测的个数（图 4.12 中 P_i 为待定点，A、B、C、D 为已知点，h_i 为观测高差）。

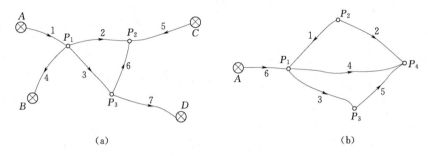

图 4.12

4.3　指出下列各测角网中观测量的总个数、必要观测的个数及多余观测的个数（图 4.13）。

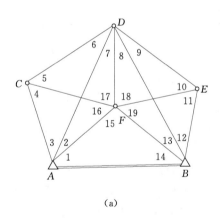

（a）

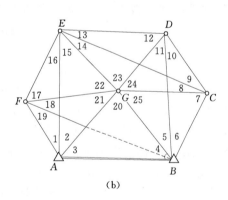

（b）

图 4.13

4.4　有水准网如下图 4.14 所示，试列出该网的改正数条件方程。已知点高程分别为：$H_A = 31.100$m，$H_B = 34.165$m。高差观测值分别：

$$h_1 = 1.001\text{m}, \quad h_2 = 1.002\text{m},$$
$$h_3 = 0.060\text{m}, \quad h_4 = 1.000\text{m},$$
$$h_5 = 0.500\text{m}, \quad h_6 = 0.560\text{m},$$
$$h_7 = 0.504\text{m}, \quad h_8 = 1.064\text{m}$$

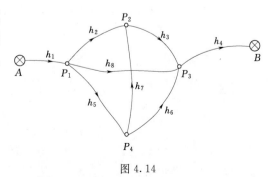

图 4.14

路线长度分别为:

$$s_1 = 1\text{km}, \; s_2 = 2\text{km}, \; s_3 = 2\text{km}, \; s_4 = 1\text{km},$$
$$s_5 = 2\text{km}, \; s_6 = 2\text{km}, \; s_7 = 2.5\text{km}, \; s_8 = 2.5\text{km}$$

4.5 在图 4.15 中，OC 方向为已知方向，AOE 是一直线，观测角值为 l_1，l_2，…，l_7，试按条件平差法列出全部条件方程式。

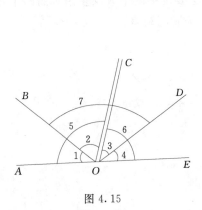

图 4.15　　　　　　　　　　图 4.16

4.6 在图 4.16 的边角网中，A、B 点为已知点，T_{BD} 为已知坐标方位角，C、D 点为待定点，角度观测值为 β_1，β_2，β_3，边长观测值为 $S_1 \sim S_5$。试按条件平差法列出全部条件方程式。

4.7 设某水准网改正数表示的条件方程为

$$v_2 - v_5 - v_7 - 2 = 0$$
$$v_4 - v_6 + v_7 + 4 = 0$$
$$v_5 - v_6 + v_8 + 4 = 0$$
$$v_1 + v_4 + v_8 + 0 = 0$$

各路线长度分别为 $s_1 = s_4 = 1\text{km}$，$s_2 = s_3 = s_5 = s_6 = 2\text{km}$，$s_7 = s_8 = 2.5\text{km}$。若以 1km 观测高差作为单位权观测，试组成法方程。

4.8 在图 4.17 的水准网中，测得各线路的高差分别为:

$h_1 = 1.357\text{m}$，$h_2 = 2.008\text{m}$，$h_3 = 0.353\text{m}$，$h_4 = 1.000\text{m}$，$h_5 = -0.657\text{m}$，而各线路长度分别为：$S_1 = 1\text{km}$，$S_2 = 1\text{km}$，$S_3 = 1\text{km}$，$S_4 = 1\text{km}$，$S_5 = 2\text{km}$。设 $C = 1$，试求:

(1) 平差后 A、B 两点间高差的协因数。

(2) 平差后 A、C 两点间高差的协因数。

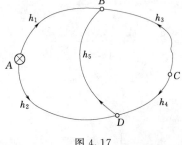 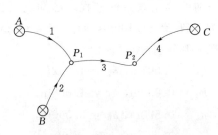

图 4.17　　　　　　　　　　图 4.18

4.9 在图 4.18 所示的水准网中，A、B、C 为已知高程点，观测了四段高差，有关数据列入表 4.7。试按条件平差法求观测高差的平差值及 P_2 点平差后高程的中误差。

表 4.7

路线编号	观测高差（m）	路线长度（km）	备　　注
1	2.500	1	
2	2.000	1	
3	1.352	2	
4	1.851	1	
已知高程： 　　　　$H_A = 12.000\text{m}$ 　　　　$H_B = 12.500\text{m}$ 　　　　$H_C = 14.000\text{m}$			

4.10 在图 4.19 的三角网中，A、B 为已知点，观测角编号如图 4.19 所示。

（1）试用一般符号列出图中 CD 边长的权函数式，并写出各 f_i。

（2）列出平差值 $\hat{L}_8$ 的权函数式，并写出各 f_i。

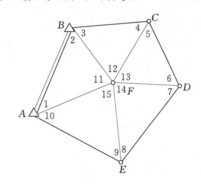

图 4.19

第5章 间 接 平 差

学习目标：通过本章学习，掌握间接平差的基本原理，熟悉平差参数选定、误差方程式列立、法方程组成与解算、精度评定等方法，了解直接平差意义。

5.1 间 接 平 差 原 理

5.1.1 间接平差原理

间接平差法，是在平差计算中，通过选定 t 个与观测值有一定关系的独立未知量作为参数，将每个观测值的平差值都分别表达成这 t 个参数的函数，建立函数模型，并依据最小二乘法原理，按求自由极值的方法解出未知参数的最或然值，从而求得各观测值的平差值。间接平差法，也称为参数平差法。

设在平差问题中，有 n 个观测值 L_i，其相应的权阵为 P，必要观测数为 t。现选定 t 个独立参数 $\hat{X}$，则第 i 个观测值的平差值的线性方程为

$$\hat{L}_i = a_i\hat{X}_1 + b_i\hat{X}_i + \cdots + t_i\hat{X}_t + d_i \quad (i = 1,2,\cdots,n) \tag{5.1}$$

式中：a_i，b_i，$\cdots$，t_i 为常系数；d_i 为常数项。

令

$$\hat{L}_i = L_i + v_i \quad (i = 1,2,\cdots,n)$$
$$\hat{X}_j = X_j^0 + \hat{x}_j \quad (j = 1,2,\cdots,t)$$
$$l_i = L_i - (a_iX_1^0 + b_iX_2^0 + \cdots + t_iX_t^0 + d_i) \quad (i = 1,2,\cdots,n)$$

其中，X^0 为 $\hat{X}$ 的充分近似值，$\hat{x}$ 为 X^0 的改正数。

则得误差方程的一般形式为

$$v_i = a_i\hat{x}_1 + b_i\hat{x}_2 + \cdots + t_i\hat{x}_t - l_i \quad (i = 1,2,\cdots,n) \tag{5.2}$$

令

$$\underset{nt}{B} = \begin{bmatrix} a_1 & b_1 & \cdots & t_1 \\ a_2 & b_2 & \cdots & t_2 \\ \vdots & \vdots & \vdots & \vdots \\ a_n & b_n & \cdots & t_n \end{bmatrix}$$

$$\underset{n1}{V} = \begin{bmatrix} v_1 & v_2 & \cdots & v_n \end{bmatrix}^T$$

$$\underset{n1}{l} = \begin{bmatrix} l_1 & l_2 & \cdots & l_n \end{bmatrix}^T$$

$$\underset{t1}{\hat{x}} = \begin{bmatrix} \hat{x}_1 & \hat{x}_2 & \cdots & \hat{x}_t \end{bmatrix}^T$$

$$\underset{n1}{d} = \begin{bmatrix} d_1 & d_2 & \cdots & d_n \end{bmatrix}^T$$

$$\underset{t1}{X^0} = \begin{bmatrix} X_1^0 & X_2^0 & \cdots & X_t^0 \end{bmatrix}^T$$

则误差方程的矩阵形式为

$$V = B\hat{x} - l \tag{5.3}$$

式中

$$l = L - (BX^0 + d) \tag{5.4}$$

式（5.3）中共有 n 个方程式，但有 $(n+t)$ 个未知量。根据最小二乘原理，式中的 $\hat{x}$ 必须满足 $V^TPV = \min$ 的要求，因为 t 个参数 $\hat{x}$ 为独立量，故可按求函数自由极值的方法，有

$$\frac{\partial V^TPV}{\partial \hat{x}} = 2V^TP\frac{\partial V}{\partial \hat{x}} = V^TPB = 0$$

转置后得

$$B^TPV = 0 \tag{5.5}$$

将式（5.3）和式（5.5）联立，可以求出 n 个 V 和 t 个 $\hat{x}$，因此，故称此两式为间接平差的基础方程。

为了解算基础方程，将式（5.3）代入式（5.5），得

$$B^TPB\hat{x} - B^TPl = 0 \tag{5.6}$$

令

$$N_{BB} = B^TPB, \quad W = B^TPl$$

则上式可写成

$$N_{BB}\hat{x} - W = 0 \tag{5.7}$$

式（5.7）称为间接平差的法方程。解之得

$$\hat{x} = N_{BB}^{-1}W \tag{5.8}$$

或

$$\hat{x} = (B^TPB)^{-1}B^TPl \tag{5.9}$$

将求出的 $\hat{x}$ 代入误差方程式（5.3），即可求得改正数 V，而平差结果为

$$\hat{L} = L + V, \hat{X} = X^0 + \hat{x} \tag{5.10}$$

特别地，当 P 为对角阵，即观测值之间相互独立时，则法方程式（5.7）的纯量形式为

$$\left.\begin{array}{l}
[paa]\hat{x}_1 + [pab]\hat{x}_2 + \cdots + [pat]\hat{x}_t = [pal] \\
[pab]\hat{x}_1 + [pbb]\hat{x}_2 + \cdots + [pbt]\hat{x}_t = [pbl] \\
\quad\vdots \qquad\quad \vdots \qquad\quad \vdots \qquad\quad \vdots \qquad\qquad \vdots \\
[pat]\hat{x}_1 + [pbt]\hat{x}_2 + \cdots + [ptt]\hat{x}_t = [ptl]
\end{array}\right\} \tag{5.11}$$

5.1.2 间接平差法计算步骤

根据上述原理，间接平差法的计算步骤可归纳如下。

（1）根据平差问题的性质，确定必要观测数 t，并选择 t 个独立量作为未知参数。

（2）将每一个观测量的平差值分别表达成所选未知参数的函数，若函数为非线性的，则应将其线性化，列出误差方程。

（3）根据平差问题确定观测值的权，由误差方程系数 B 和自由项 l 组成法方程，法方程的个数等于所选未知参数的个数 t。

（4）解算法方程，求出未知参数 $\hat{x}$，计算未知参数的平差值。

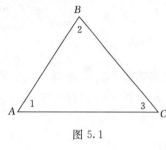

图 5.1

（5）由误差方程计算观测值改正数 V，再求出观测量的平差值。

【例 5.1】 如图 5.1，对某三角形的三个内角进行了同精度观测，得观测值分别为 $L_1 = 39°23'40''$，$L_2 = 88°33'06''$，$L_3 = 52°03'17''$。试按间接平差法求观测量的平差值。

解：（1）本题中，必要观测数 $t = 2$，现选取 $\hat{L}_1$、$\hat{L}_2$ 分别作为未知参数 $\hat{X}_1$、$\hat{X}_2$。

（2）列出 3 个平差值方程

$$\left.\begin{array}{l} L_1 + v_1 = \hat{X}_1 \\ L_2 + v_2 = \hat{X}_2 \\ L_3 + v_3 = -\hat{X}_1 - \hat{X}_2 + 180° \end{array}\right\}$$

取 $X_1^0 = L_1$，$X_2^0 = L_2$，所以误差方程为

$$\left.\begin{array}{l} v_1 = \hat{x}_1 \\ v_2 = \hat{x}_2 \\ v_3 = -\hat{x}_1 - \hat{x}_2 - 3 \end{array}\right\}$$

误差方程的常数项是以秒为单位。

（3）因为是同精度观测，所以 $P = I$，则根据误差方程的系数阵和常数阵组成法方程的系数阵和常数项阵为

$$N_{BB} = B^{\mathrm{T}}PB = \begin{bmatrix} 2 & 1 \\ 1 & 2 \end{bmatrix} \quad W = B^T Pl = \begin{bmatrix} -3 \\ -3 \end{bmatrix}$$

即法方程为

$$\begin{bmatrix} 2 & 1 \\ 1 & 2 \end{bmatrix}\begin{bmatrix} \hat{x}_1 \\ \hat{x}_2 \end{bmatrix} - \begin{bmatrix} -3 \\ -3 \end{bmatrix} = 0$$

（4）解算法方程，得

$$\begin{bmatrix} \hat{x}_1 \\ \hat{x}_2 \end{bmatrix} = \begin{bmatrix} -1 \\ -1 \end{bmatrix}$$

（5）观测值的改正数应为

$$\left.\begin{array}{l} v_1 = -1 \\ v_2 = -1 \\ v_3 = -1 \end{array}\right\}$$

而观测值的平差值为

$$\left.\begin{array}{l} \hat{L}_1 = L_1 + v_1 = 39°23'39'' \\ \hat{L}_2 = L_2 + v_2 = 88°33'05'' \\ \hat{L}_3 = L_3 + v_3 = 52°03'16'' \end{array}\right\}$$

5.2 误 差 方 程 式

为了保证间接平差法的计算工作能有效进行，很重要的一点是要在确定了必要观测数 t

的基础上，合理选取 t 个参数。t 个参数间既要求相互独立，又要尽可能使平差值方程或误差方程形式简单、便于列立。下面分别介绍水准网、测角网、测边网误差方程式的列法。

5.2.1 水准网误差方程式

在水准网中，必要观测数 t 的确定与网中待定点的个数及已知点的情况有关，如果网中有高程已知的水准点，则必要观测数 t 就等于待定点的个数；如果网中无已知点，则必要观测数 t 等于全部点数减一，这时为了确定网点间高程的相对关系，可以任意假定一点高程作为全网高程基准。

水准网在按间接平差进行计算时，一般可选取 t 个待定点的高程作为未知参数，这时它们之间总是函数独立的。

【例 5.2】 在图 5.2 所示的水准网中，A、B、C 为已知水准点，高程分别为 $H_A = 11.000\text{m}$、$H_B = 11.500\text{m}$、$H_C = 12.008\text{m}$。现进行水准测量，以求待定点 P_1、P_2 的高程。高差观测值及水准路线长度见表 5.1，试列立该水准网的误差方程。

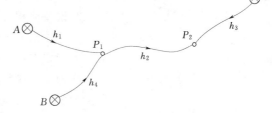

图 5.2

表 5.1

水准路线	1	2	3	4
高差观测值（m）	+1.003	+0.501	+0.503	+0.505
路线长度（km）	1	2	2	1

解： 依据题意，必要观测数 $t=2$，选取 P_1、P_2 两点的最或是高程为参数 $\hat{X}_1$、$\hat{X}_2$，同时，取未知参数的近似值为

$$X_1^0 = H_A + h_1 = 12.003\text{m}$$
$$X_2^0 = H_C + h_3 = 12.511\text{m}$$

根据图形可以列出 4 个平差值方程式，并换成误差方程式为

$$v_1 = \hat{x}_1 - (h_1 - X_1^0 + H_A)$$
$$v_2 = -\hat{x}_1 + \hat{x}_2 - (h_2 - X_2^0 + X_1^0)$$
$$v_3 = \hat{x}_2 - (h_3 - X_2^0 + H_C)$$
$$v_4 = \hat{x}_1 - (h_4 - X_1^0 + H_B)$$

即

$$v_1 = \hat{x}_1 - 0$$
$$v_2 = -\hat{x}_1 + \hat{x}_2 - (-7)$$
$$v_3 = \hat{x}_2 - 0$$
$$v_4 = \hat{x}_1 - 2$$

表达成矩阵形式为

$$\begin{bmatrix} v_1 \\ v_2 \\ v_3 \\ v_4 \end{bmatrix} = \begin{bmatrix} 1 & 0 \\ -1 & 1 \\ 0 & 1 \\ 1 & 0 \end{bmatrix} \begin{bmatrix} \hat{x}_1 \\ \hat{x}_2 \end{bmatrix} - \begin{bmatrix} 0 \\ -7 \\ 0 \\ 2 \end{bmatrix}$$

其中，误差方程系数阵 B 和常数阵 l 分别为

$$B = \begin{bmatrix} 1 & 0 \\ -1 & 1 \\ 0 & 1 \\ 1 & 0 \end{bmatrix} \quad l = \begin{bmatrix} 0 \\ -7 \\ 0 \\ 2 \end{bmatrix}$$

5.2.2 测角网误差方程式

对于测角网而言，当选取待定点坐标作为未知参数时，未知参数间总是相互独立的。

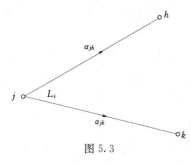

图 5.3

测量中，常将观测值为角度，参数为待定点坐标的平差问题，称为测角网坐标平差。下面讨论测角网坐标平差时误差方程式的一般形式。

如图 5.3 所示，某角度观测值为 L_i，设 j、k、h 均为待定点，其坐标 $(\hat{X}_j, \hat{Y}_j)$、$(\hat{X}_k, \hat{Y}_k)$、$(\hat{X}_h, \hat{Y}_h)$ 均为未知参数，jk 边、jh 边坐标方位角的平差值分别为 $\hat{\alpha}_{jk}$、$\hat{\alpha}_{jh}$。则角度平差值方程为

$$L_i + V_i = \hat{\alpha}_{jk} - \hat{\alpha}_{jh} \tag{5.12}$$

而坐标方位角平差值 $\hat{\alpha}_{jk}$、$\hat{\alpha}_{jh}$ 分别为

$$\hat{\alpha}_{jk} = \arctan \frac{\hat{Y}_k - \hat{Y}_j}{\hat{X}_k - \hat{X}_j} \tag{5.13}$$

$$\hat{\alpha}_{jh} = \arctan \frac{\hat{Y}_h - \hat{Y}_j}{\hat{X}_h - \hat{X}_j} \tag{5.14}$$

将上面两式代入式（5.12），得

$$v_i = \arctan \frac{\hat{Y}_k - \hat{Y}_j}{\hat{X}_k - \hat{X}_j} - \arctan \frac{\hat{Y}_h - \hat{Y}_j}{\hat{X}_h - \hat{X}_j} - L_i \tag{5.15}$$

上式为观测角的误差方程，是未知参数的非线性函数。

设待定点的近似坐标为 (X^0, Y^0)，边长及边长坐标方位角的近似值分别为 S^0、α^0，而坐标与坐标方位角的改正数分别为 $\hat{x}$、$\hat{y}$、$\delta\alpha$，则上式可写成

$$v_i = \delta\alpha_{jk} - \delta\alpha_{jh} - l_i \tag{5.16}$$

式中

$$l_i = L_i - (\alpha_{jk}^0 - \alpha_{jh}^0) \tag{5.17}$$

从式（5.16）可以看出，要写出观测值的误差方程式，关键是要建立坐标方位角改正数与坐标改正数间的关系。下面以式（5.13）为例分析，将式（5.13）右边按台劳公式展开，并取一次项，有

$$\hat{\alpha}_{jk} = \arctan \frac{Y_k^0 - Y_j^0}{X_k^0 - X_j^0} + \left(\frac{\partial \hat{\alpha}_{jk}}{\partial \hat{X}_j}\right)_0 \hat{x}_j + \left(\frac{\partial \hat{\alpha}_{jk}}{\partial \hat{Y}_j}\right)_0 \hat{y}_j + \left(\frac{\partial \hat{\alpha}_{jk}}{\partial \hat{X}_k}\right)_0 \hat{x}_k + \left(\frac{\partial \hat{\alpha}_{jk}}{\partial \hat{Y}_k}\right)_0 \hat{y}_k \tag{5.18}$$

即

$$\delta\alpha_{jk} = \left(\frac{\partial \hat{\alpha}_{jk}}{\partial \hat{X}_j}\right)_0 \hat{x}_j + \left(\frac{\partial \hat{\alpha}_{jk}}{\partial \hat{Y}_j}\right)_0 \hat{y}_j + \left(\frac{\partial \hat{\alpha}_{jk}}{\partial \hat{X}_k}\right)_0 \hat{x}_k + \left(\frac{\partial \hat{\alpha}_{jk}}{\partial \hat{Y}_k}\right)_0 \hat{y}_k \tag{5.19}$$

式中

$$\left(\frac{\partial \hat{\alpha}_{jk}}{\partial \hat{X}_j}\right)_0 = \frac{\dfrac{Y_k^0 - Y_j^0}{(X_k^0 - X_j^0)^2}}{1 + \left(\dfrac{Y_k^0 - Y_j^0}{X_k^0 - X_j^0}\right)^2} = \frac{Y_k^0 - Y_j^0}{(X_k^0 - X_j^0)^2 + (Y_k^0 - Y_j^0)^2} = \frac{\Delta Y_{jk}^0}{(S_{jk}^0)^2} \qquad (5.20)$$

同理可得

$$\left(\frac{\partial \hat{\alpha}_{jk}}{\partial \hat{Y}_j}\right)_0 = -\frac{\Delta X_{jk}^0}{(S_{jk}^0)^2}$$

$$\left(\frac{\partial \hat{\alpha}_{jk}}{\partial \hat{X}_k}\right)_0 = -\frac{\Delta Y_{jk}^0}{(S_{jk}^0)^2} \qquad (5.21)$$

$$\left(\frac{\partial \hat{\alpha}_{jk}}{\partial \hat{Y}_k}\right)_0 = \frac{\Delta X_{jk}^0}{(S_{jk}^0)^2}$$

将式 (5.20)、式 (5.21) 代入到式 (5.19) 中, 顾及坐标方位角改正数的单位, 有

$$\delta \alpha_{jk}'' = \frac{\rho'' \Delta Y_{jk}^0}{(S_{jk}^0)^2} \hat{x}_j - \frac{\rho'' \Delta X_{jk}^0}{(S_{jk}^0)^2} \hat{y}_j - \frac{\rho'' \Delta Y_{jk}^0}{(S_{jk}^0)^2} \hat{x}_k + \frac{\rho'' \Delta X_{jk}^0}{(S_{jk}^0)^2} \hat{y}_k \qquad (5.22)$$

或

$$\delta \alpha_{jk}'' = \frac{\rho'' \sin\alpha_{jk}^0}{S_{jk}^0} \hat{x}_j - \frac{\rho'' \cos\alpha_{jk}^0}{S_{jk}^0} \hat{y}_j - \frac{\rho'' \sin\alpha_{jk}^0}{S_{jk}^0} \hat{x}_k + \frac{\rho'' \cos\alpha_{jk}^0}{S_{jk}^0} \hat{y}_k \qquad (5.23)$$

式 (5.22)、式 (5.23) 是坐标方位角改正数与坐标改正数间的一般关系式, 称为坐标方位角改正数方程。其特点如下:

(1) 若直线边的两端均为待定点时, 则坐标方位角改正数与坐标改正数间的关系就是式 (5.22)。此时, $\hat{x}_j$ 与 $\hat{x}_k$ 前的系数的绝对值相等; $\hat{y}_j$ 与 $\hat{y}_k$ 前的系数的绝对值也相等。

(2) 若测站点 j 为已知点, 有 $\hat{x}_j = \hat{y}_j = 0$, 则

$$\delta \alpha_{jk}'' = -\frac{\rho'' \sin\alpha_{jk}^0}{S_{jk}^0} \hat{x}_k + \frac{\rho'' \cos\alpha_{jk}^0}{S_{jk}^0} \hat{y}_k \qquad (5.24)$$

若照准点 k 为已知点, 有 $\hat{x}_k = \hat{y}_k = 0$, 则

$$\delta \alpha_{jk}'' = \frac{\rho'' \sin\alpha_{jk}^0}{S_{jk}^0} \hat{x}_j - \frac{\rho'' \cos\alpha_{jk}^0}{S_{jk}^0} \hat{y}_j \qquad (5.25)$$

(3) 若直线边的两个端点均为已知点时, 有 $\hat{x}_j = \hat{y}_j = \hat{x}_k = \hat{y}_k = 0$, 则 $\delta \alpha_{jk}'' = 0$。

(4) 同一边的正反坐标方位角的改正数相等, 它们与坐标改正数的关系式也一样, 即有

$$\delta \alpha_{jk}'' = \delta \alpha_{kj}''$$

由式 (5.16), 可得到线性化后的误差方程式的一般形式为

$$v_i = \frac{\rho'' \Delta Y_{jk}^0}{(S_{jk}^0)^2} \hat{x}_j - \frac{\rho'' \Delta X_{jk}^0}{(S_{jk}^0)^2} \hat{y}_j - \frac{\rho'' \Delta Y_{jk}^0}{(S_{jk}^0)^2} \hat{x}_k + \frac{\rho'' \Delta X_{jk}^0}{(S_{jk}^0)^2} \hat{y}_k$$
$$- \left\{ \frac{\rho'' \Delta Y_{jh}^0}{(S_{jh}^0)^2} \hat{x}_j - \frac{\rho'' \Delta X_{jh}^0}{(S_{jh}^0)^2} \hat{y}_j - \frac{\rho'' \Delta Y_{jh}^0}{(S_{jh}^0)^2} \hat{x}_h + \frac{\rho'' \Delta X_{jh}^0}{(S_{jh}^0)^2} \hat{y}_h \right\} - l_i \qquad (5.26)$$

合并同类项后, 可得

$$v_i = \rho'' \left(\frac{\Delta Y_{jk}^0}{(S_{jk}^0)^2} - \frac{\Delta Y_{jh}^0}{(S_{jh}^0)^2} \right) \hat{x}_j - \rho'' \left(\frac{\Delta X_{jk}^0}{(S_{jk}^0)^2} - \frac{\Delta X_{jh}^0}{(S_{jh}^0)^2} \right) \hat{y}_j$$

$$-\rho''\frac{\Delta Y_{jk}^0}{(S_{jk}^0)^2}\hat{x}_k+\rho''\frac{\Delta X_{jk}^0}{(S_{jk}^0)^2}\hat{y}_k+\rho''\frac{\Delta Y_{jh}^0}{(S_{jh}^0)^2}\hat{x}_h-\rho''\frac{\Delta X_{jh}^0}{(S_{jh}^0)^2}\hat{y}_h-l_i \qquad (5.27)$$

【例 5.3】 某三角网如图 5.4 所示，图中 A、B、C 点已知，起算数据列入表 5.2，同精度观测 6 个角度 L_1，L_2，$\cdots$，L_6，观测值见表 5.3，试列出测角网坐标平差的误差方程。

表 5.2

点　　名	坐标（m）		坐标方位角 （°　′　″）	边长 （m）
	X	Y		
B	13737.37	10501.92	225 16 38.1	6751.24
A	8986.68	5705.03		
C	6642.27	14711.75	104 35 24.3	9306.84

表 5.3

角　号	观测值（°　′　″）	角　号	观测值（°　′　″）	角　号	观测值（°　′　″）
1	106　50　42.2	3	42　16　39.1	5	127　48　41.2
2	30　52　44.0	4	28　26　05.0	6	23　45　16.2

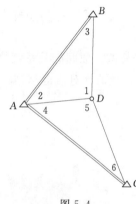

图 5.4

解： 本题中，必要观测数 $t=2$，现选取待定点 D 的坐标平差值为未知参数 $\hat{X}_D$、$\hat{Y}_D$。

（1）待定点近似坐标、未知边近似边长及未知边近似坐标方位角的计算。

由已知点 B、A 及观测角 L_3、L_2，按余切公式计算待定点 D 的近似坐标：

$$X_D^0=\frac{X_A\cot L_3+X_B\cot L_2-Y_B+Y_A}{\cot L_2+\cot L_3}=10122.12\text{m}$$

$$Y_D^0=\frac{Y_A\cot L_3+Y_B\cot L_2+X_B-X_A}{\cot L_2+\cot L_3}=10321.47\text{m}$$

由已知点坐标、待定点近似坐标计算各未知边的近似边长 S^0 及近似坐标方位 α_0：

如
$$S_{DA}^0=\sqrt{(X_A-X_D^0)^2+(Y_A-Y_D^0)^2}=4745\text{m}$$

$$\alpha_{DA}^0=\arctan\frac{Y_A-Y_D^0}{X_A-X_D^0}=256°09'22.0''$$

待定点近似坐标、未知边近似边长及未知边近似坐标方位角的计算值列入表 5.4。

表 5.4

方向	ΔY^0 （m）	ΔX^0 （m）	$(S^0)^2$ （m²）	近似边长 S^0 （m）	近似方位角 α_0 （°　′　″）	$\delta\alpha$ 的系数（s/dm）	
						$\hat{x}_D$	$\hat{y}_D$
DA	-4607	-1135	2252×10^4	4745	256　09　22.0	-4.22	$+1.04$
DB	$+189$	$+3615$	1311×10^4	3620	2　59　59.0	$+0.30$	-5.69
DC	$+4399$	-3480	3146×10^4	5609	128　20　39.0	$+2.88$	$+2.28$

（2）各未知边坐标方位角改正数方程的系数的计算。

在本题中，对于已知边 AB、AC，不必计算坐标方位角改正数系数。因此，只需计算与待定点有关的三条边 DA、DB、DC 的坐标方位角改正数方程，分别为

$$\delta\alpha''_{DA} = \frac{\rho''\Delta Y^0_{DA}}{(S^0_{DA})^2 \times 10}\hat{x}_D - \frac{\rho''\Delta X^0_{DA}}{(S^0_{DA})^2 \times 10}\hat{y}_D = -4.22\hat{x}_D + 1.04\hat{y}_D$$

$$\delta\alpha''_{DB} = \frac{\rho''\Delta Y^0_{DB}}{(S^0_{DB})^2 \times 10}\hat{x}_D - \frac{\rho''\Delta X^0_{DB}}{(S^0_{DB})^2 \times 10}\hat{y}_D = +0.30\hat{x}_D - 5.69\hat{y}_D$$

$$\delta\alpha''_{DC} = \frac{\rho''\Delta Y^0_{DC}}{(S^0_{DC})^2 \times 10}\hat{x}_D - \frac{\rho''\Delta X^0_{DC}}{(S^0_{DC})^2 \times 10}\hat{y}_D = +2.88\hat{x}_D + 2.28\hat{y}_D$$

这里，$\hat{x}_D$、$\hat{y}_D$ 是以 dm 为单位。

（3）观测值误差方程式的列立。

根据图形，可列出观测值误差方程为

$$\left.\begin{aligned}
v_1 &= \delta\alpha_{DB} - \delta\alpha_{DA} - l_1 \\
v_2 &= \delta\alpha_{AD} - l_2 \\
v_3 &= -\delta\alpha_{BD} - l_3 \\
v_4 &= -\delta\alpha_{AD} - l_4 \\
v_5 &= \delta\alpha_{DA} - \delta\alpha_{DC} - l_5 \\
v_6 &= -\delta\alpha_{CD} - l_6
\end{aligned}\right\}$$

而常数项为

$$\left.\begin{aligned}
l_1 &= L_1 - (\alpha^0_{DB} - \alpha^0_{DA}) = 5.2 \\
l_2 &= L_2 - (\alpha^0_{AD} - \alpha_{AB}) = 0.1 \\
l_3 &= L_3 - (\alpha_{BA} - \alpha^0_{BD}) = 0.0 \\
l_4 &= L_4 - (\alpha_{AC} - \alpha^0_{AD}) = 2.7 \\
l_5 &= L_5 - (\alpha^0_{DA} - \alpha^0_{DC}) = -1.8 \\
l_6 &= L_6 - (\alpha^0_{CD} - \alpha_{CA}) = 1.5
\end{aligned}\right\}$$

观测值误差方程式的最后形式为

$$\left.\begin{aligned}
v_1 &= 4.52\hat{x}_D - 6.73\hat{y}_D - 5.2 \\
v_2 &= -4.22\hat{x}_D + 1.04\hat{y}_D - 0.1 \\
v_3 &= -0.30\hat{x}_D + 5.69\hat{y}_D + 0.0 \\
v_4 &= 4.22\hat{x}_D - 1.04\hat{y}_D - 2.7 \\
v_5 &= -7.10\hat{x}_D - 1.24\hat{y}_D + 1.8 \\
v_6 &= 2.88\hat{x}_D + 2.28\hat{y}_D - 1.5
\end{aligned}\right\}$$

5.2.3 测边网误差方程式

对于测边网而言，当按间接平差法进行平差计算时，一般也选取待定点坐标为未知参数。下面讨论测边网坐标平差时误差方程式的一般形式。

如图 5.5 所示，某观测边长为 L_i，设 j、k 均为待定点，其坐标 $(\hat{X}_j, \hat{Y}_j)$、$(\hat{X}_k, \hat{Y}_k)$ 均为未知参数，则观测边的平差值可表示为

图 5.5

$$\hat{L}_i = L_i + v_i = \sqrt{(\hat{X}_k - \hat{X}_j)^2 + (\hat{Y}_k - \hat{Y}_j)^2} \qquad (5.28)$$

则

$$v_i = \sqrt{(\hat{X}_k - \hat{X}_j)^2 + (\hat{Y}_k - \hat{Y}_j)^2} - L_i \qquad (5.29)$$

式（5.29）为观测值的误差方程，是非线性形式。

设 j、k 的似近坐标分别为 (X_j^0, Y_j^0)、(X_k^0, Y_k^0)，近似坐标改正数分别为 $(\hat{x}_j, \hat{y}_j)$、$(\hat{x}_k, \hat{y}_k)$，而两点间似近边长为 S_{jk}^0，则有

$$\Delta X_{jk}^0 = X_k^0 - X_j^0, \quad \Delta Y_{jk}^0 = Y_k^0 - Y_j^0$$

$$S_{jk}^0 = \sqrt{(X_k^0 - X_j^0)^2 + (Y_k^0 - Y_j^0)^2}$$

将式（5.29）按台劳公式展开，得

$$v_i = -\frac{\Delta X_{jk}^0}{S_{jk}^0}\hat{x}_j - \frac{\Delta Y_{jk}^0}{S_{jk}^0}\hat{y}_j + \frac{\Delta X_{jk}^0}{S_{jk}^0}\hat{x}_k + \frac{\Delta X_{jk}^0}{S_{jk}^0}\hat{y}_k - l_i \qquad (5.30)$$

或

$$v_i = -\cos\alpha_{jk}^0\hat{x}_j - \sin\alpha_{jk}^0\hat{y}_j + \cos\alpha_{jk}^0\hat{x}_k + \sin\alpha_{jk}^0\hat{y} - l_i \qquad (5.31)$$

$$l_i = L_i - S_{jk}^0 \qquad (5.32)$$

式（5.30）、式（5.31）即是边长改正数与坐标改正数间的关系式。组成时具有如下特点：

（1）若某边的两端点均为待定点，则式（5.30）就是该观测边的误差方程。式中，$\hat{x}_j$ 与 $\hat{x}_k$、$\hat{y}_j$ 与 $\hat{y}_k$ 的系数的绝对值相等，符号相反。常数项等于该边的观测值减其近似值。

（2）若 j 为已知点，则 $\hat{x}_j = \hat{y}_j = 0$，有

$$v_i = \frac{\Delta X_{jk}^0}{S_{jk}^0}\hat{x}_k + \frac{\Delta Y_{jk}^0}{S_{jk}^0}\hat{y}_k - l_i \qquad (5.33)$$

若 k 为已知点，则 $\hat{x}_k = \hat{y}_k = 0$，有

$$v_i = -\frac{\Delta X_{jk}^0}{S_{jk}^0}\hat{x}_j - \frac{\Delta Y_{jk}^0}{S_{jk}^0}\hat{y}_j - l_i \qquad (5.34)$$

若 j、k 均为已知点，则该边为固定边（不观测），不需列立误差方程。

（3）某边 jk 的误差方程，不论按 jk 方向列立或按 kj 方向列立，其结果均相同。

【例 5.4】 如图 5.6 测边网，A、B、C 点为已知坐标点（起算数据列入表 5.5 中），D 点为待定点。同精度观测了三条边长，其观测值为 $L_1 = 387.363$m，$L_2 = 306.065$m，$L_3 = 354.862$m，试列出误差方程。

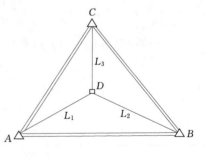

图 5.6

表 5.5

点　名	坐标（m）		边长	方位角
	X	Y	（m）	（° ′ ″）
A	2692.201	5203.153	603.608	186　44　26.4
B	2092.765	5132.304	545.984	77　32　13.3
C	2210.593	5665.422		
A			667.562	316　10　25.6

解： 本题中，必要观测数 $t=2$，现选取待定点 D 的坐标平差值为未知参数 $\hat{X}_D$、$\hat{Y}_D$。

（1）根据已知点 A、B 的坐标及观测边长 L_1、L_2，可求 D 点的近似坐标

$$X_D^0 = 2326.259\text{m}, \quad Y_D^0 = 5330.184\text{m}$$

（2）根据已知点坐标和待定点似近坐标，计算误差方程的系数和常数项，见表 5.6。

表 5.6

方　　向	ΔX^0 (m)	ΔY^0 (m)	近似边长 S^0（m）	$\dfrac{\Delta X^0}{S^0}$	$\dfrac{\Delta Y^0}{S^0}$	$l=L-S^0$ (m)
AD	-365.942	127.031	387.363	-0.9447	0.3279	0
BD	233.494	197.880	306.065	0.7629	0.6465	0
CD	115.666	-335.238	354.631	0.3262	-0.9453	0.231

则误差方程为

$$\left.\begin{array}{l} v_1 = -0.9447\hat{x}_D + 0.3279\hat{y}_D - 0 \\ v_2 = 0.7629\hat{x}_D + 0.6465\hat{y}_D - 0 \\ v_3 = 0.3262\hat{x}_D - 0.9453\hat{y}_D - 0.231 \end{array}\right\}$$

5.3　间接平差的法方程

在间接平差中，当观测值的误差方程式确定无误后，就可以结合观测值的权阵组成法方程并解算。

设间接平差的误差方程式为

$$V = B\hat{x} - l$$

若观测值的权阵为 P，则间接平差的法方程为

$$N_{BB}\hat{x} - W = 0 \tag{5.35}$$

式中

$$N_{BB} = B^{\mathrm{T}}PB, \quad W = B^{\mathrm{T}}Pl$$

由此看出，法方程的组成，关键就是要计算出法方程的系数阵和常数项阵。而

$$\hat{x} = N_{BB}^{-1}W \tag{5.36}$$

或

$$\hat{x} = (B^{\mathrm{T}}PB)^{-1}B^{\mathrm{T}}Pl \tag{5.37}$$

在求出参数改正数 $\hat{x}$ 后，即可由误差方程式求得观测值的改正数 V，进而求出观测值的平差值。

【例 5.5】 设有观测值的误差方程式为

$$\begin{bmatrix} v_1 \\ v_2 \\ v_3 \\ v_4 \end{bmatrix} = \begin{bmatrix} 1 & 0 \\ -1 & 1 \\ 0 & 1 \\ 1 & 0 \end{bmatrix}\begin{bmatrix} \hat{x}_1 \\ \hat{x}_2 \end{bmatrix} - \begin{bmatrix} 0 \\ -7 \\ 0 \\ 2 \end{bmatrix}$$

若观测值的权阵为

$$P = \begin{bmatrix} 2 & 0 & 0 & 0 \\ 0 & 1 & 0 & 0 \\ 0 & 0 & 1 & 0 \\ 0 & 0 & 0 & 2 \end{bmatrix}$$

试求观测值的改正数 V。

解：由观测值的误差方程式，有

$$B = \begin{bmatrix} 1 & 0 \\ -1 & 1 \\ 0 & 1 \\ 1 & 0 \end{bmatrix} \quad l = \begin{bmatrix} 0 \\ -7 \\ 0 \\ 2 \end{bmatrix}$$

因为观测值的权阵已知，则法方程的系数阵和常数项阵分别为

$$N_{BB} = B^{\mathrm{T}} P B = \begin{bmatrix} 1 & -1 & 0 & 1 \\ 0 & 1 & 1 & 0 \end{bmatrix} \begin{bmatrix} 2 & 0 & 0 & 0 \\ 0 & 1 & 0 & 0 \\ 0 & 0 & 1 & 0 \\ 0 & 0 & 0 & 2 \end{bmatrix} \begin{bmatrix} 1 & 0 \\ -1 & 1 \\ 0 & 1 \\ 1 & 0 \end{bmatrix} = \begin{bmatrix} 5 & -1 \\ -1 & 2 \end{bmatrix}$$

$$W = B^{\mathrm{T}} P l = \begin{bmatrix} 1 & -1 & 0 & 1 \\ 0 & 1 & 1 & 0 \end{bmatrix} \begin{bmatrix} 2 & 0 & 0 & 0 \\ 0 & 1 & 0 & 0 \\ 0 & 0 & 1 & 0 \\ 0 & 0 & 0 & 2 \end{bmatrix} \begin{bmatrix} 0 \\ -7 \\ 0 \\ 2 \end{bmatrix} = \begin{bmatrix} 11 \\ -7 \end{bmatrix}$$

而

$$N_{BB}^{-1} = \begin{bmatrix} 5 & -1 \\ -1 & 2 \end{bmatrix}^{-1} = \frac{1}{9} \begin{bmatrix} 2 & 1 \\ 1 & 5 \end{bmatrix}$$

所以，参数的改正数为

$$\hat{x} = \begin{bmatrix} \hat{x}_1 \\ \hat{x}_2 \end{bmatrix} = N_{BB}^{-1} W = \frac{1}{9} \begin{bmatrix} 2 & 1 \\ 1 & 5 \end{bmatrix} \begin{bmatrix} 11 \\ -7 \end{bmatrix} = \begin{bmatrix} 1.667 \\ -2.667 \end{bmatrix}$$

而观测值的改正数为

$$V = B\hat{x} - l = \begin{bmatrix} 1 & 0 \\ -1 & 1 \\ 0 & 1 \\ 1 & 0 \end{bmatrix} \begin{bmatrix} 1.667 \\ -2.667 \end{bmatrix} - \begin{bmatrix} 0 \\ -7 \\ 0 \\ 2 \end{bmatrix} = \begin{bmatrix} 1.7 \\ 2.7 \\ -2.7 \\ -0.3 \end{bmatrix}$$

5.4　间接平差的精度评定

5.4.1　单位权中误差估值的计算

间接平差中，单位权中误差估值的计算公式与条件平差中相同，即

$$\hat{\sigma}_0 = \sqrt{\frac{V^{\mathrm{T}} P V}{n - t}} \tag{5.38}$$

其中，$V^{\mathrm{T}} P V$ 可按以下方法进行计算：

（1）直接由改正数计算，即将观测值改正数及权代入 V^TPV 计算。当观测值独立时，也可用下式进行计算

$$V^TPV = p_1v_1^2 + p_2v_2^2 + \cdots + p_nv_n^2 \tag{5.39}$$

（2）用法方程常数项及参数改正数计算。

$$V^TPV = (B\hat{x} - l)^T PV = \hat{x}^T B^T PV - l^T PV$$

顾及 $B^TPV=0$，则

$$V^TPV = -l^TPV = -l^TP(B\hat{x} - l) = l^TPl - l^TPB\hat{x}$$

考虑到 $l^TPB=(B^TPl)^T$，有

$$V^TPV = l^TPl - (B^TPl)^T\hat{x} = l^TPl - W^T\hat{x} \tag{5.40}$$

5.4.2 平差参数函数中误差的计算

1. 平差参数协因数的计算

在间接平差中，观测值为 L，其权阵为 P，协因数阵 $Q_{LL}=P^{-1}=Q$。由 $\hat{X}=X^0+\hat{x}$、$L=L^0+l$，可知 $Q_{\hat{X}\hat{X}}=Q_{\hat{x}\hat{x}}$、$Q_{ll}=Q_{LL}$。下面推求平差参数的协因数阵。

由 $\hat{x}=N_{BB}^{-1}B^TPl$，按协因数传播定律，得

$$Q_{\hat{x}\hat{x}} = N_{BB}^{-1}B^TPQ(N_{BB}^{-1}B^TP)^T = N_{BB}^{-1} \tag{5.41}$$

即

$$Q_{\hat{x}\hat{x}} = \begin{bmatrix} Q_{\hat{x}_1\hat{x}_1} & Q_{\hat{x}_1\hat{x}_2} & \cdots & Q_{\hat{x}_1\hat{x}_t} \\ Q_{\hat{x}_2\hat{x}_1} & Q_{\hat{x}_2\hat{x}_2} & \cdots & Q_{\hat{x}_2\hat{x}_t} \\ \vdots & \vdots & \vdots & \vdots \\ Q_{\hat{x}_t\hat{x}_1} & Q_{\hat{x}_t\hat{x}_2} & \cdots & Q_{\hat{x}_t\hat{x}_t} \end{bmatrix} \tag{5.42}$$

在参数的协因数阵中，主对角线元素 $Q_{\hat{x}_i\hat{x}_i}$ 是未知参数 $\hat{X}_i$ 的协因数，非主对角线元素 $Q_{\hat{x}_i\hat{x}_j}$ 为 $\hat{X}_i$ 对 $\hat{X}_j$ 的协因数。

2. 平差参数函数协因数的计算

在间接平差中，设参数的函数 $\hat{\varphi}$ 与 t 个参数 $\hat{X}_j$ 间有如下关系式

$$\hat{\varphi} = \Phi(\hat{X}_1, \hat{X}_2, \cdots, \hat{X}_t) \tag{5.43}$$

若式（5.43）为非线性函数式，则需转化成线性函数式。

将 $\hat{X}_j=X_j^0+\hat{x}_j$（$j=1, 2, \cdots, t$）代入上式后，按台劳公式展开，并取至一次项，得

$$\hat{\varphi} = \Phi(X_1^0, X_2^0, \cdots, X_t^0) + \left(\frac{\partial \Phi}{\partial \hat{X}_1}\right)_0 \hat{x}_1 + \left(\frac{\partial \Phi}{\partial \hat{X}_2}\right)_0 \hat{X}_2 + \cdots + \left(\frac{\partial \Phi}{\partial \hat{X}_t}\right)_0 \hat{x}_t \tag{5.44}$$

令

$$f_0 = \Phi(X_1^0, X_2^0, \cdots, X_t^0) \quad f_i = \left(\frac{\partial \Phi}{\partial X_j}\right)_0$$

则式（5.44）可以写成

$$\hat{\varphi} = f_0 + f_1\hat{x}_1 + f_2\hat{x}_2 + \cdots f_1\hat{x}_t \tag{5.45}$$

或

$$\mathrm{d}\hat{\varphi} = f_1\hat{x}_1 + f_2\hat{x}_2 + \cdots + f_t\hat{x}_t \tag{5.46}$$

通常把式（5.46）称为参数函数的权函数式。

设 $F^T=[f_1 \quad f_2 \quad \cdots \quad f_t]$，则式（5.46）可写为

$$\mathrm{d}\hat{\varphi} = F^{\mathrm{T}}\hat{x} \tag{5.47}$$

根据协因数传播定律，$\hat{\varphi}$ 的协因数为

$$Q_{\hat{\varphi}\hat{\varphi}} = F^{\mathrm{T}}Q_{\hat{x}\hat{x}}F = F^{\mathrm{T}}N_{BB}^{-1}F \tag{5.48}$$

3. 平差参数函数中误差的计算

根据中误差、协因数及单位权中误差间的关系，平差参数函数的中误差为

$$\hat{\sigma}_{\hat{\varphi}} = \hat{\sigma}_0\sqrt{Q_{\hat{\varphi}\hat{\varphi}}} \tag{5.49}$$

【例 5.6】 在图 5.2 中，已知数据和观测数据见 [例 5.2]，试求待定点 P_1、P_2 高程平差值的中误差，以及平差后 P_1、P_2 点间高差的中误差。

解： 由 [例 5.2]、[例 5.5] 分析计算可知，以待定点高程平差值为未知参数时，误差方程及权阵为

$$\begin{bmatrix} v_1 \\ v_2 \\ v_3 \\ v_4 \end{bmatrix} = \begin{bmatrix} 1 & 0 \\ -1 & 1 \\ 0 & 1 \\ 1 & 0 \end{bmatrix}\begin{bmatrix} \hat{x}_1 \\ \hat{x}_2 \end{bmatrix} - \begin{bmatrix} 0 \\ -7 \\ 0 \\ 2 \end{bmatrix} \qquad P = \begin{bmatrix} 2 & 0 & 0 & 0 \\ 0 & 1 & 0 & 0 \\ 0 & 0 & 1 & 0 \\ 0 & 0 & 0 & 2 \end{bmatrix}$$

法方程的系数阵及系数阵的逆矩阵分别为

$$N_{BB} = \begin{bmatrix} 5 & -1 \\ -1 & 2 \end{bmatrix} \qquad N_{BB}^{-1} = \frac{1}{9}\begin{bmatrix} 2 & 1 \\ 1 & 5 \end{bmatrix}$$

并求得参数改正值及观测值改正数分别为

$$\begin{bmatrix} \hat{x}_1 \\ \hat{x}_2 \end{bmatrix} = \begin{bmatrix} 1.667 \\ -2.667 \end{bmatrix} \qquad \begin{bmatrix} v_1 \\ v_2 \\ v_3 \\ v_4 \end{bmatrix} = \begin{bmatrix} 1.667 \\ 2.667 \\ -2.667 \\ -0.333 \end{bmatrix}$$

（1）计算单位权中误差。

$$V^{\mathrm{T}}PV = \sum pv^2 = 20$$

$$\hat{\sigma}_0 = \sqrt{\frac{V^{\mathrm{T}}PV}{n-t}} = \sqrt{\frac{20}{4-2}} = 3.16\mathrm{mm}$$

（2）计算未知参数的协因数阵及中误差。未知参数的协因数阵为

$$Q_{\hat{x}\hat{x}} = N_{BB}^{-1} = \frac{1}{9}\begin{bmatrix} 2 & 1 \\ 1 & 5 \end{bmatrix}$$

则待定点 P_1、P_2 高程平差值的中误差分别为

$$\hat{\sigma}_{H_1} = \hat{\sigma}_{\hat{X}_1} = \hat{\sigma}_0\sqrt{Q_{\hat{X}_1\hat{X}_1}} = 3.16\sqrt{\frac{2}{9}} = 1.49\mathrm{mm}$$

$$\hat{\sigma}_{H_2} = \hat{\sigma}_{\hat{X}_2} = \hat{\sigma}_0\sqrt{Q_{\hat{X}_2\hat{X}_2}} = 3.16\sqrt{\frac{5}{9}} = 2.36\mathrm{mm}$$

（3）计算参数函数的中误差。

根据题意，有

$$\hat{h}_{P_1P_2} = \hat{h}_2 = -\hat{X}_1 + \hat{X}_2 = \begin{bmatrix} -1 & 1 \end{bmatrix}\begin{bmatrix} \hat{X}_1 \\ \hat{X}_2 \end{bmatrix}$$

所以 $\hat{h}_{P_1P_2}$ 的协因数为

$$Q_{\hat{h}_{P_1P_2}} = \begin{bmatrix} -1 & 1 \end{bmatrix} \begin{bmatrix} \dfrac{2}{9} & \dfrac{1}{9} \\ \dfrac{1}{9} & \dfrac{5}{9} \end{bmatrix} \begin{bmatrix} -1 \\ 1 \end{bmatrix} = 0.56$$

则 $\hat{h}_{P_1P_2}$ 的中误差为

$$\hat{\sigma}_{\hat{h}_{P_1P_2}} = \hat{\sigma}_0 \sqrt{Q_{\hat{h}_{P_1P_2}}} = 3.16\sqrt{0.56} = 2.36\text{mm}$$

5.5 间接平差示例

1. 水准网间接平差示例

【**例 5.7**】 图 5.7 所示水准网中，已知水准点 A、B 的高程分别为 $H_A = 5.000\text{m}$、$H_B = 6.008\text{m}$，P_1、P_2、P_3 三点为待定点，高差观测值及水准路线长度见表 5.7，按间接平差法，试求：

（1）各待定点的高程平差值。

（2）各待定点高程平差值的中误差。

（3）P_2、P_3 点间高差平差值的中误差。

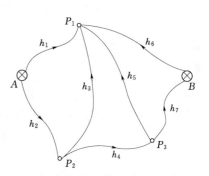

图 5.7

表 5.7

水准路线	1	2	3	4	5	6	7
高差观测值（m）	+1.010	+1.003	+0.005	+0.501	−0.500	+0.004	−0.502
路线长度（km）	2	2	1	1	1	1	1

解：根据题意，必要观测数 $t = 3$。

（1）选取待定点 P_1、P_2、P_3 平差后的高程为参数 $\hat{X}_1$、$\hat{X}_2$、$\hat{X}_3$，并取其近似值分别为

$$\left.\begin{array}{l} X_1^0 = H_A + h_1 = 6.010 \\ X_2^0 = H_A + h_2 = 6.003 \\ X_3^0 = H_B - h_7 = 6.510 \end{array}\right\}$$

（2）列立误差方程。

根据图形，平差值方程为

$$\left.\begin{array}{l} \hat{h}_1 = h_1 + v_1 = \hat{X}_1 - H_A \\ \hat{h}_2 = h_2 + v_2 = \hat{X}_2 - H_A \\ \hat{h}_3 = h_3 + v_3 = \hat{X}_1 - \hat{X}_2 \\ \hat{h}_4 = h_4 + v_4 = -\hat{X}_2 + \hat{X}_3 \\ \hat{h}_5 = h_5 + v_5 = \hat{X}_1 - \hat{X}_3 \\ \hat{h}_6 = h_6 + v_6 = \hat{X}_1 - H_B \\ \hat{h}_7 = h_7 + v_7 = -\hat{X}_3 + H_B \end{array}\right\}$$

将参数近似值、观测值及已知点高程代入上式，可得观测值的误差方程为

$$\left.\begin{aligned} v_1 &= \hat{x}_1 + 0 \\ v_2 &= \hat{x}_2 + 0 \\ v_3 &= \hat{x}_1 - \hat{x}_2 + 2 \\ v_4 &= -\hat{x}_2 + \hat{x}_3 + 6 \\ v_5 &= \hat{x}_1 - \hat{x}_3 + 0 \\ v_6 &= \hat{x}_1 - 2 \\ v_7 &= -\hat{x}_3 + 0 \end{aligned}\right\}$$

（3）组成法方程。

取 $C = 2\text{km}$，确定各观测值的权，得权阵为

$$P = \begin{bmatrix} 1 & 0 & 0 & 0 & 0 & 0 & 0 \\ 0 & 1 & 0 & 0 & 0 & 0 & 0 \\ 0 & 0 & 2 & 0 & 0 & 0 & 0 \\ 0 & 0 & 0 & 2 & 0 & 0 & 0 \\ 0 & 0 & 0 & 0 & 2 & 0 & 0 \\ 0 & 0 & 0 & 0 & 0 & 2 & 0 \\ 0 & 0 & 0 & 0 & 0 & 0 & 2 \end{bmatrix}$$

法方程系数阵及常数项阵分别为

$$N_{BB} = B^{\mathrm{T}} P B = \begin{bmatrix} 7 & -2 & -2 \\ -2 & 5 & -2 \\ -2 & -2 & 6 \end{bmatrix} \qquad W = B^{\mathrm{T}} P l = \begin{bmatrix} 0 \\ 16 \\ -12 \end{bmatrix}$$

（4）解算法方程。

法方程系数阵的逆矩阵为

$$N_{BB}^{-1} = \begin{bmatrix} 0.213 & 0.131 & 0.115 \\ 0.131 & 0.311 & 0.148 \\ 0.115 & 0.148 & 0.254 \end{bmatrix}$$

则参数近似值的改正数为

$$\begin{bmatrix} \hat{x}_1 \\ \hat{x}_2 \\ \hat{x}_3 \end{bmatrix} = N_{BB}^{-1} W = \begin{bmatrix} 0.716 \\ 3.200 \\ -0.680 \end{bmatrix} \text{mm}$$

（5）求观测值的改正数。

根据误差方程，可得

$$V = \begin{bmatrix} 0.7 & 3.2 & -0.5 & 2.1 & 1.4 & -1.3 & 0.7 \end{bmatrix}^{\mathrm{T}} \text{mm}$$

（6）求解平差值。

观测值的平差值为

$$\hat{L} = L + V = \begin{bmatrix} 1.011 & 1.006 & 0.005 & 0.503 & -0.499 & 0.003 & -0.501 \end{bmatrix}^{\mathrm{T}} \text{m}$$

而待定点的平差高程为

$$\begin{bmatrix} \hat{H}_{P_1} \\ \hat{H}_{P_2} \\ \hat{H}_{P_3} \end{bmatrix} = \begin{bmatrix} \hat{X}_1 \\ \hat{X}_2 \\ \hat{X}_3 \end{bmatrix} = \begin{bmatrix} 6.011 \\ 6.006 \\ 6.509 \end{bmatrix} \text{m}$$

（7）精度评定。

单位权中误差为

$$\hat{\sigma}_0 = \sqrt{\frac{V^T P V}{n-t}} = \sqrt{\frac{28.64}{7-3}} = 2.68 \text{mm}$$

未知参数的协因数阵为

$$Q_{\hat{X}\hat{X}} = N_{BB}^{-1} = \begin{bmatrix} 0.213 & 0.131 & 0.115 \\ 0.131 & 0.311 & 0.148 \\ 0.115 & 0.148 & 0.254 \end{bmatrix}$$

待定点 P_1、P_2、P_3 高程平差值的中误差分别为

$$\hat{\sigma}_{H_{P_1}} = \hat{\sigma}_0 \sqrt{Q_{\hat{X}_1 \hat{X}_1}} = 2.68 \sqrt{0.213} = 1.24 \text{mm}$$

$$\hat{\sigma}_{H_{P_2}} = \hat{\sigma}_0 \sqrt{Q_{\hat{X}_2 \hat{X}_2}} = 2.68 \sqrt{0.311} = 1.49 \text{mm}$$

$$\hat{\sigma}_{H_{P_3}} = \hat{\sigma}_0 \sqrt{Q_{\hat{X}_3 \hat{X}_3}} = 2.68 \sqrt{0.254} = 1.35 \text{mm}$$

（8）求参数函数的中误差。

P_2、P_3 点间高差平差值的权函数式为

$$\hat{h}_{P_2 P_3} = \hat{h}_4 = -\hat{X}_2 + \hat{X}_3 = \begin{bmatrix} 0 & -1 & 1 \end{bmatrix} \hat{X}$$

则 P_2、P_3 点间高差平差值的协因数为

$$Q_{\hat{h}_{P_2 P_3}} = \begin{bmatrix} 0 & -1 & 1 \end{bmatrix} \begin{bmatrix} 0.213 & 0.131 & 0.115 \\ 0.131 & 0.311 & 0.148 \\ 0.115 & 0.148 & 0.254 \end{bmatrix} \begin{bmatrix} 0 \\ -1 \\ 1 \end{bmatrix} = 0.269$$

所以，P_2、P_3 点间高差平差值的中误差为

$$\hat{\sigma}_{\hat{h}_{P_2 P_3}} = \hat{\sigma}_0 \sqrt{Q_{\hat{h}_{P_2 P_3}}} = 2.68 \sqrt{0.269} = 1.39 \text{mm}$$

2. 测角网间接平差示例

【例 5.8】 设有一测角网，如图 5.8 所示，网中 A、B、C、D 是已知点，P_1、P_2 是待定点，同精度观测了 18 个角度。试按间接平差法求平差后 P_1、P_2 点的坐标及 P_1、P_2 点坐标的中误差。起算数据和观测值见表 5.8 及表 5.9。

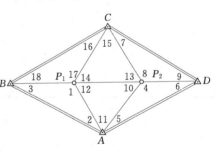

图 5.8

表 5.8

点　名	坐标（m）		边长（m）	坐标方位角（° ′ ″）
	X	Y		
A	9684.28	43836.82		
B	10649.55	31996.50	11879.60	274 39 38.4
C	19063.66	37818.86	10232.16	34 40 56.3

点　名	坐标（m）		边长	坐标方位角
	X	Y	（m）	（° ′ ″）
D	17814.63	49923.19	12168.60	95 53 29.1
A			10156.11	216 49 06.5

表 5.9

角度编号	观测值 （° ′ ″）	角度编号	观测值 （° ′ ″）	角度编号	观测值 （° ′ ″）
1	126 14 24.1	7	22 02 43.0	13	46 38 56.4
2	23 39 46.9	8	130 03 14.2	14	66 34 54.7
3	30 05 46.7	9	27 53 59.3	15	66 46 08.2
4	117 22 46.2	10	65 55 00.8	16	29 58 35.5
5	31 26 50.0	11	67 02 49.4	17	120 08 31.1
6	31 10 22.6	12	47 02 11.4	18	29 52 55.4

解：（1）待定点近似坐标及有关方向近似坐标方位角计算。

根据已知点坐标和角度观测值计算待定点 P_1、P_2 点的近似坐标：

$$X_1^0 = 13188.61\text{m} \quad Y_1^0 = 37334.97\text{m}$$

$$X_2^0 = 15578.61\text{m} \quad Y_2^0 = 44391.03\text{m}$$

根据已知点的坐标和待定点的近似坐标计算各未知边的近似坐标方位角 α^0，其结果列于表 5.10 中。

表 5.10

方　　向	近似坐标方位角（° ′ ″）	方　　向	近似坐标方位角（° ′ ″）
P_1A	118 19 24.7	P_2A	185 22 17.0
P_1B	244 33 48.6	P_2C	297 56 09.0
P_1C	4 42 30.4	P_2D	67 59 31.7
P_1P_2	71 17 16.6		

（2）计算与待定点 P_1、P_2 相连各边的坐标方位角改正数方程的系数，结果列于表 5.11 中。

表 5.11

方　向	Δy^0 （m）	Δx^0 （m）	$(S)^2$ （m²）	$\delta\alpha$ 系数（s/dm）			
				$\hat{x}_1$	$\hat{y}_1$	$\hat{x}_2$	$\hat{y}_2$
P_1A	+6502	−3504	5455×10⁴	+2.46	+1.32		
P_1B	−5338	−2539	3495×10⁴	−3.15	+1.50		
P_1C	+484	+5875	3475×10⁴	+0.29	−3.49		
P_1P_2	+7056	+2390	5550×10⁴	+2.62	−0.89	−2.62	+0.89

续表

方 向	Δy^0 (m)	Δx^0 (m)	$(S)^2$ (m^2)	$\delta \alpha$ 系数（s/dm）			
				$\hat{x}_1$	$\hat{y}_1$	$\hat{x}_2$	$\hat{y}_2$
$P_2 A$	−554	−5894	3505×10^4			−0.33	+3.47
$P_2 C$	−6572	+3485	5534×10^4			−2.45	−1.30
$P_2 D$	+5532	+2236	3560×10^4			+3.20	−1.30

（3）计算误差方程系数和常数项，结果列于表 5.12，表中每一行表示一个误差方程。v 为角度改正数，在解出坐标改正数 $\hat{x}$ 后算得。

表 5.12

角号 \ 参数	a $\hat{x}_1 - 0.1030$	b $\hat{y}_1 + 2.3208$	c $\hat{x}_2 - 1.2069$	d $\hat{y}_2 - 0.5348$	$-l$	v
1	−5.61	+0.18			−0.2	+0.8
2	+2.46	+1.32			−0.6	+2.2
3	+3.15	−1.50			+3.1	−0.7
4			−3.53	+4.77	−0.9	+0.8
5			+0.33	−3.47	−0.5	+1.0
6			+3.20	−1.30	+2.6	−0.6
7			−2.45	−1.30	−3.1	+0.5
8			+5.65	0.00	+8.5	+1.7
9			−3.20	+1.30	−1.9	+1.3
10	+2.62	−0.89	−2.29	−2.58	−1.2	+0.6
11	−2.46	−1.32	−0.33	+3.47	+2.9	−1.4
12	−0.16	+2.21	+2.62	−0.89	−3.3	−0.8
13	−2.62	+0.89	+0.17	−2.19	−4.0	−0.7
14	+2.33	+2.60	−2.60	+0.89	−8.5	+0.0
15	+0.29	−3.49	+2.45	+1.30	+13.2	+1.4
16	−0.29	+3.49			−9.6	−1.5
17	+3.44	−4.99			+10.7	−1.2
18	−3.15	+1.50			−3.1	+0.7

（4）法方程组成与解算。法方程为

$$\begin{bmatrix} 94.61 & -22.11 & -11.45 & -6.96 \\ -22.11 & 70.51 & -6.95 & -8.42 \\ -11.45 & -6.95 & 96.09 & -20.21 \\ -6.96 & -8.42 & -20.21 & 66.63 \end{bmatrix} \begin{bmatrix} \hat{x}_1 \\ \hat{y}_1 \\ \hat{x}_2 \\ \hat{y}_2 \end{bmatrix} = \begin{bmatrix} -43.52 \\ 178.81 \\ -120.11 \\ -30.07 \end{bmatrix}$$

$$N_{BB}^{-1} = \begin{bmatrix} 0.0121 & 0.0044 & 0.0023 & 0.0025 \\ 0.0044 & 0.0161 & 0.0024 & 0.0032 \\ 0.0023 & 0.0024 & 0.0117 & 0.0041 \\ 0.0025 & 0.0032 & 0.0041 & 0.0169 \end{bmatrix}$$

由 $\hat{x} = N_{BB}^{-1} W$ 可得

$$\hat{x} = [\hat{x}_1 \quad \hat{y}_1 \quad \hat{x}_2 \quad \hat{y}_2]^{\mathrm{T}} = [-0.1030 \quad 2.3208 \quad -1.2069 \quad -0.5348]^{\mathrm{T}} \mathrm{dm}$$

（5）平差值计算。

待定点坐标平差值为

$$\hat{X}_1 = 13188.60\mathrm{m} \qquad \hat{Y}_1 = 37335.20\mathrm{m}$$
$$\hat{X}_2 = 15578.49\mathrm{m} \qquad \hat{Y}_2 = 44390.98\mathrm{m}$$

待定边坐标方位角和边长的平差值，可由待定点平差坐标和已知点坐标进行计算，结果见表 5.13。

表 5.13

方　向	边长 （m）	坐标方位角 （° ′ ″）	方　向	边长 （m）	坐标方位角 （° ′ ″）
P_1A	7385.89	118 19 27.5	P_2A	5920.20	185 22 15.7
P_1B	5911.73	244 33 52.4	P_2C	7439.03	297 56 12.6
P_1C	5894.93	4 42 22.4	P_2D	5967.05	67 59 28.5
P_1P_2	7449.54	71 17 17.0			

观测量的平差值，可由观测值与观测值的改正数相加进行计算。

（6）精度评定。单位权中误差为

$$\hat{\sigma}_0 = \sqrt{\frac{V^{\mathrm{T}}PV}{n-t}} = \sqrt{\frac{22.28}{18-4}} = 1.3''$$

待定点平差坐标的中误差分别为

$$\hat{\sigma}_{\hat{X}_1} = \hat{\sigma}_0 \sqrt{Q_{\hat{X}_1 \hat{X}_1}} = 1.3\sqrt{0.0121} = 0.14\mathrm{dm}$$
$$\hat{\sigma}_{\hat{Y}_1} = \hat{\sigma}_0 \sqrt{Q_{\hat{Y}_1 \hat{Y}_1}} = 1.3\sqrt{0.0161} = 0.16\mathrm{dm}$$
$$\hat{\sigma}_{\hat{X}_2} = \hat{\sigma}_0 \sqrt{Q_{\hat{X}_2 \hat{X}_2}} = 1.3\sqrt{0.0117} = 0.14\mathrm{dm}$$
$$\hat{\sigma}_{\hat{Y}_2} = \hat{\sigma}_0 \sqrt{Q_{\hat{Y}_2 \hat{Y}_2}} = 1.3\sqrt{0.0169} = 0.17\mathrm{dm}$$

而待定点点位中误差分别为

$$\hat{\sigma}_{P_1} = \sqrt{(\hat{\sigma}_{X_1})^2 + (\hat{\sigma}_{Y_1})^2} = \sqrt{0.14^2 + 0.16^2} = 0.21\mathrm{dm}$$
$$\hat{\sigma}_{P_2} = \sqrt{(\hat{\sigma}_{X_2})^2 + (\hat{\sigma}_{Y_2})^2} = \sqrt{0.14^2 + 0.17^2} = 0.22\mathrm{dm}$$

3. 导线网间接平差示例

导线网，属于一种边角同测网，包含有边长观测值和角度观测值两类观测值。在间接平差时，导线网中角度观测值的误差方程组成与测角网坐标平差的误差方程组成相同，边长观测值的误差方程组成与测边网坐标平差的误差方程组成相同。为了合理组成法方程，对于边、角同测的边角网，关键是确定边、角两类观测值的权比问题。

设导线网中各边长观测值、角度观测值相互独立，因此其权阵是对角阵。若有 i 个角度观测值 β_i 和 j 条边长观测值 S_j，则观测量的总个数 $n = i + j$，而观测值的权阵为

$$P_{n \times n} = \begin{bmatrix} p_{\beta_1} & & & & & \\ & \ddots & & & 0 & \\ & & p_{\beta_i} & & & \\ & & & p_{S_1} & & \\ & 0 & & & \ddots & \\ & & & & & p_{S_j} \end{bmatrix} = \begin{bmatrix} P_\beta & 0 \\ {}_{i \times i} & \\ 0 & P_S \\ & {}_{j \times j} \end{bmatrix}$$

设单位权方差为 σ_0^2，测角方差为 $\sigma_{\beta_i}^2$，测边方差为 $\sigma_{S_j}^2$，则定权公式为

$$p_{\beta_i} = \frac{\sigma_0^2}{\sigma_{\beta_i}^2} \qquad p_{S_j} = \frac{\sigma_0^2}{\sigma_{S_j}^2} \tag{5.50}$$

通常角度观测值为等精度，即 $\sigma_{\beta_1} = \sigma_{\beta_2} = \cdots = \sigma_{\beta_i} = \sigma_\beta$。在定权时，一般以测角方差为导线网平差中的单位权方差，令 $\sigma_0^2 = \sigma_\beta^2$，则有

$$p_{\beta_i} = \frac{\sigma_\beta^2}{\sigma_\beta^2} = 1 \qquad p_{S_j} = \frac{\sigma_\beta^2}{\sigma_{S_j}^2} \tag{5.51}$$

为了确定观测角、观测边的权比，必须已知 σ_β^2 和 $\sigma_{S_j}^2$，而平差前 σ_β^2 和 $\sigma_{S_j}^2$ 一般是无法精确知道的，所以采用按经验定权的方法，即 σ_β^2、$\sigma_{S_j}^2$ 采用厂方提供的测角、测距仪的标称精度或者是经验数据。在式（5.51）中，p_{β_i} 是无量纲的，而 p_{S_j} 是有单位的。

【例 5.9】 单一附合导线见图 5.9，观测了 4 个角度和 3 条边长。已知数据列于表 5.14，观测值列于表 5.15。已知测角中误差 $\sigma_\beta = \pm 5''$，测边中误差 $\sigma_{S_j} = \pm 0.5 \sqrt{S_j}$ （mm），S_j 以 m 为单位，试按间接平差法，求：

（1）各导线点的坐标平差值及点位精度。

（2）各观测值的平差值。

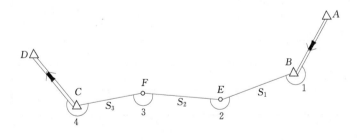

图 5.9

表 5.14

点　　名	坐标（m）		方　位　角
	X	Y	
B	203020.348	−59049.801	$\alpha_{AB} = 226°44'59''$
C	203059.503	−59796.549	$\alpha_{CD} = 324°46'03''$

表 5.15

角 号	角度观测 (° ′ ″)	角 号	角度观测 (° ′ ″)	边号	边长观测 (m)	边号	边长观测 (m)
1	230 32 37	3	170 39 22	1	204.952	3	345.153
2	180 00 42	4	236 48 37	2	200.130		

解： 本题中，必要观测数 $t = 2 \times 2 = 4$，现选定待定点坐标平差值为未知参数，即

$$\hat{X} = \begin{bmatrix} \hat{X}_E & \hat{Y}_E & \hat{X}_F & \hat{Y}_F \end{bmatrix}^T$$

（1）计算待定点近似坐标，结果见表 5.16。

表 5.16

点名（角号） β	观测角 β_i (° ′ ″)	坐标方位角 α^0 (° ′ ″)	观测边长 S_j (m)	近 似 坐 标	
				X^0	Y^0
A		226 44 59			
B（1）	230 32 37			203020.348	−59049.801
		277 17 36	204.952		
E（2）	180 00 42			203046.366	−59253.095
		277 18 18	200.130		
F（3）	170 39 22			203071.813	−59451.601

（2）由待定点近似坐标和已知点坐标计算各边坐标方位角改正数方程的系数及边长改正数方程的系数，坐标改正数以 mm 为单位，见表 5.17。

表 5.17

方 向	坐标方位角 α^0 (° ′ ″)	近似边长 S^0 (m)	$\sin\alpha_{jk}^0$	$\cos\alpha_{jk}^0$	a_{jk} (″/mm) $a_{jk} = \dfrac{\rho'' \sin\alpha_{jk}^0}{S_{jk}^0 \times 1000}$	b_{jk} (″/mm) $b_{jk} = -\dfrac{\rho'' \cos\alpha_{jk}^0}{S_{jk}^0 \times 1000}$
BE	277 17 36	204.952	−0.992	0.127	−0.998	0.128
EF	277 18 18	200.130	−0.992	0.127	−1.022	−0.131
FC	267 57 22	345.167	−0.999	−0.036	−0.597	0.021

表 5.17 中

$$a_{jk} = \frac{\rho'' \sin\alpha_{jk}^0}{S_{jk}^0 \times 1000} \qquad b_{jk} = -\frac{\rho'' \cos\alpha_{jk}^0}{S_{jk}^0 \times 1000}$$

坐标方位角改正数方程按下式组成

$$\delta\alpha_{jk}'' = a_{jk}\hat{x}_j - b_{jk}\hat{y}_j - a_{jk}\hat{x}_k + b_{jk}\hat{y}_k$$

边长改正数方程按下式组成

$$\delta\hat{S}_{jk} = -\cos\alpha_{jk}^0 \hat{x}_j - \sin\alpha_{jk}^0 \hat{y}_j + \cos\alpha_{jk}^0 \hat{x}_k + \sin\alpha_{jk}^0 \hat{y}_k$$

（3）确定角度观测值和边长观测值的权。

设单位权中误差 $\sigma_0 = 5''$，则角度观测值的权为 $P_{\beta_i} = \dfrac{\sigma_0^2}{\sigma_\beta^2} = 1$，各导线边的权为 $Ps_i = \dfrac{\sigma_0^2}{\sigma_{s_i}^2}$ $= \dfrac{25}{0.25 S_i}(\mathrm{s}^2/\mathrm{mm}^2)$。各观测值的权列于表 5.18 中的 P 列。

（4）角度、边长观测值误差方程系数和常数项的计算。

按下式列出角度误差方程

$$v_i = \delta\alpha''_{jk} - \delta\alpha''_{jh} - l_i \quad l_i = Li - (\alpha^0_{jk} - \alpha^0_{jh})$$

按下式列出边长误差方程

$$v_i = \delta\hat{S}_{jk} - l_i \quad l_i = Li - S^0_{jk}$$

误差方程系数和常数项的计算结果见表 5.18。表中每一行表示一个误差方程，各列代表不同未知数的系数，l 为常数项。P 列代表观测值的权。V、$\hat{L}$ 列分别为观测值的改正数和观测值的平差值，在法方程解算后，由参数改正数代入误差方程求得。

表 5.18

项	目	$\hat{x}_E$	$\hat{y}_E$	$\hat{x}_F$	$\hat{y}_F$	l	P	v	$\hat{L}$
角 β_i	1	0.998	0.128			$0''$	1	−4.41	230°32′33″
	2	−2.020	−0.259	1.022	0.131	$0''$	1	−3.79	180°00′38″
	3	1.022	0.131	−1.619	−0.110	$18''$	1	−3.18	179°39′19″
	4			0.597	−0.021	$-4''$	1	−2.61	236°48′34″
边 S_i	1	0.127	−0.992			0	0.49	3.49	204.955m
	2	−0.127	0.992	0.127	−0.992	0	0.50	3.42	200.133m
	3			0.036	0.999	−15	0.29	6.17	345.159m
$\hat{x}$ (mm)		−3.91	−4.02	−11.37	−8.42				
$\hat{X}$ (mm)		203046.362	−59253.099	203071.802	−59451.609				

（5）法方程组成及解算。

法方程的系数阵、常数项阵由误差方程的系数阵 B、常数项阵 l 及观测值的权阵 P 来计算，$N_{BB} = B^\mathrm{T}PB$，$W = B^\mathrm{T}Pl$。则法方程为

$$\begin{bmatrix} 6.137 & 0.660 & -3.727 & -0.314 \\ 0.660 & 1.075 & -0.414 & -0.540 \\ -3.727 & -0.414 & 4.030 & 0.247 \\ -0.314 & -0.540 & 0.247 & 0.811 \end{bmatrix} \begin{bmatrix} \hat{x}_E \\ \hat{y}_E \\ \hat{x}_F \\ \hat{y}_F \end{bmatrix} - \begin{bmatrix} -18.397 \\ -2.358 \\ 31.687 \\ 6.242 \end{bmatrix} = 0$$

$$N_{BB}^{-1} = \begin{bmatrix} 0.38306 & -0.12160 & 0.34403 & -0.03741 \\ -0.12160 & 1.46891 & -0.01905 & 0.93727 \\ 0.34403 & -0.01905 & 0.56749 & -0.05221 \\ -0.03741 & 0.93727 & -0.05221 & 1.85860 \end{bmatrix}$$

解算法方程，得未知参数的改正数。结果见表 5.18 的 $\hat{x}$ 行。

（6）改正数求解。

将 $\hat{x}$ 代入误差方程得改正数 $V = \hat{B} - l$，见表 5.18。

（7）平差值的计算。

待定点坐标的平差值为 $\hat{X} = X^0 + \hat{x}$，见表 5.18。

观测值的平差值为 $\hat{L} = L + v$，结果见表 5.18。

（8）精度评定。

单位权中误差为

$$\hat{\sigma}_0 = \sqrt{\frac{V^{\mathrm{T}} PV}{n-t}} = \sqrt{\frac{73.6925}{7-4}} = 4.96''$$

待定点点位中误差为

$$\hat{\sigma}_E = \hat{\sigma}_0 \sqrt{Q_{\hat{X}_E \hat{X}_E} + Q_{\hat{Y}_E \hat{Y}_E}} = 4.96 \sqrt{0.38306 + 1.46891} = 6.74\mathrm{mm}$$

$$\hat{\sigma}_F = \hat{\sigma}_0 \sqrt{Q_{\hat{X}_F \hat{X}_F} + Q_{\hat{Y}_F \hat{Y}_F}} = 4.96 \sqrt{0.56748 + 1.85860} = 7.72\mathrm{mm}$$

5.6 间接平差特列——直接平差

在测量中，对同一未知量进行多次直接观测，求该量的平差值并评定精度，称为直接平差。与一般的间接平差相比，直接平差的特点是必要观测数等于 1，因此，它是间接平差中只有一个参数的特殊情况。

设对某未知量独立进行了 n 次不同精度的观测，观测值分别为 L_1，L_2，…，L_n，相应的权分别为 P_1，P_2，…，P_n。由于必要观测数 $t=1$，现选取该量的最或是值 $\hat{X}$ 作为未知参数，则误差方程为

$$
\begin{aligned}
v_1 &= \hat{X} - L_1 \\
v_2 &= \hat{X} - L_2 \\
&\vdots \quad \vdots \quad \vdots \\
v_n &= \hat{X} - L_n
\end{aligned}
\tag{5.52}
$$

组成法方程为

$$\sum_{i=1}^{n} p_i \hat{X} - \sum_{i=1}^{n} p_i L_i = 0 \tag{5.53}$$

解算法方程，得未知参数的最或是值

$$\hat{X} = \frac{\displaystyle\sum_{i=1}^{n} p_i L_i}{\displaystyle\sum_{i=1}^{n} p_i} = \frac{p_1 L_1 + p_2 L_2 + \cdots + p_n L_n}{p_1 + p_2 + \cdots + p_n} \tag{5.54}$$

式（5.54）即为求解 n 次不同精度观测值最或是值的一般公式，事实上，也是 n 次不同精度观测值的带权平均值。

为了便于计算，设

$$\hat{X} = X^0 + \hat{x}$$

则误差方程为

$$v_1 = \hat{x} - (L_1 - X^0)$$
$$v_2 = \hat{x} - (L_2 - X^0)$$
$$\vdots \quad \vdots \quad \vdots \quad \vdots \qquad (5.55)$$
$$v_n = \hat{x} - (L_n - X^0)$$

令 $l_i = L_i - X^0$，得

$$v_1 = \hat{x} - l_1$$
$$v_2 = \hat{x} - l_2$$
$$\vdots \quad \vdots \quad \vdots \qquad (5.56)$$
$$v_n = \hat{x} - l_n$$

法方程为

$$\sum_{i=1}^{n} p_i \hat{x} - \sum_{i=1}^{n} p_i l_i = 0 \qquad (5.57)$$

解算，得

$$\hat{x} = \frac{\sum_{i=1}^{n} p_i l_i}{\sum_{i=1}^{n} p_i} = \frac{p_1 l_1 + p_2 l_2 + \cdots + p_n l_n}{p_1 + p_2 + \cdots + p_n} \qquad (5.58)$$

则未知参数的最或是值也可表示为

$$\hat{X} = X^0 + \hat{x} = X^0 + \frac{\sum_{i=1}^{n} p_i l_i}{\sum_{i=1}^{n} p_i} \qquad (5.59)$$

在直接平差问题中，因为 $t=1$，故单位权中误差计算式为

$$\hat{\sigma}_0 = \sqrt{\frac{V^T P V}{n-t}} = \sqrt{\frac{V^T P V}{n-1}} \qquad (5.60)$$

而未知参数 $\hat{X}$ 的协因数为

$$Q_{\hat{X}\hat{X}} = N_{BB}^{-1} = \frac{1}{\sum_{i=1}^{n} p_i} \qquad (5.61)$$

则未知参数 $\hat{X}$ 的中误差为

$$\hat{\sigma}_{\hat{X}} = \hat{\sigma}_0 \sqrt{Q_{\hat{X}\hat{X}}} = \hat{\sigma}_0 \sqrt{\frac{1}{\sum_{i=1}^{n} p_i}} = \sqrt{\frac{V^T P V}{(n-1) \sum_{i=1}^{n} p_i}} \qquad (5.62)$$

而观测值 L_i 的中误差为

$$\hat{\sigma}_{L_i} = \hat{\sigma}_0 \sqrt{\frac{1}{p_i}} = \sqrt{\frac{V^T P V}{(n-1) p_i}} \qquad (5.63)$$

观测值平差值 $\hat{L}$ 的中误差为

$$\hat{\sigma}_{\hat{L}} = \hat{\sigma}_{\hat{X}} = \hat{\sigma}_0 \sqrt{\frac{1}{\sum_{i=1}^{n} p_i}} = \sqrt{\frac{V^T P V}{(n-1) \sum_{i=1}^{n} p_i}} \qquad (5.64)$$

87

特别地，当对某未知量独立进行了 n 次同精度观测时，则有 $P_1 = P_2 = \cdots = P_n = 1$。故未知参数的最或是值为

$$\hat{X} = \frac{\sum\limits_{i=1}^{n} L_i}{n} = \frac{L_1 + L_2 + \cdots + L_n}{n} \tag{5.65}$$

由式（5.58）和式（5.59）得

$$\hat{x} = \frac{\sum\limits_{i=1}^{n} l_i}{n} = \frac{l_1 + l_2 + \cdots + l_n}{n} \tag{5.66}$$

$$\hat{X} = X^0 + \hat{x} = X^0 + \frac{\sum\limits_{i=1}^{n} l_i}{n} \tag{5.67}$$

式（5.65）说明，某量的 n 次同精度观测值的算术平均值即为该量的最或是值。

未知数 $\hat{X}$ 的中误差为

$$\hat{\sigma}_{\hat{X}} = \hat{\sigma}_0 \sqrt{Q_{\hat{X}\hat{X}}} = \hat{\sigma}_0 \sqrt{\frac{1}{n}} = \sqrt{\frac{V^{\mathrm{T}}PV}{n(n-1)}} \tag{5.68}$$

观测值 L_i 的中误差为

$$\hat{\sigma}_{L_i} = \hat{\sigma}_0 \sqrt{\frac{1}{p_i}} = \sqrt{\frac{V^{\mathrm{T}}PV}{(n-1)}} \tag{5.69}$$

而观测值平差值 $\hat{L}$ 的中误差为

$$\hat{\sigma}_{\hat{L}} = \hat{\sigma}_0 \sqrt{\frac{1}{\sum p_i}} = \sqrt{\frac{V^{\mathrm{T}}PV}{n(n-1)}} \tag{5.70}$$

【例 5.10】　设对某边长独立测量 5 次，观测值及其权列于表 5.19，求该边的最或是值及其中误差。

表 5.19

序　号	1	2	3	4	5
观测值 L_i（m）	112.814	112.807	112.802	112.817	112.816
权 p_i	4.0	2.5	2.0	20.0	10.0

解：设该边长度的最或是值为未知数 $\hat{X}$，为了方便计算，取近似值 $X^0 = 112.810$m。则有

$$\hat{x} = \frac{\sum\limits_{i=1}^{n} p_i l_i}{\sum\limits_{i=1}^{n} p_i} = \frac{p_1 l_1 + p_2 l_2 + \cdots + p_n l_n}{p_1 + p_2 + \cdots + p_n} = \frac{192.5}{38.5} = 5.0 \text{mm}$$

其中，l_i、$p_i l_i$ 及 $\sum\limits_{i=1}^{n} p_i$、$\sum\limits_{i=1}^{n} p_i l_i$ 的计算见表 5.20。

未知量的最或是值为

$$\hat{X} = X^0 + \hat{x} = 112.810 + \frac{5.0}{1000} = 112.815 \text{m}$$

未知数 $\hat{X}$ 的中误差为

$$\hat{\sigma}_{\hat{X}} = \sqrt{\frac{V^{\mathrm{T}}PV}{(n-1)\sum\limits_{i=1}^{n} p_i}} = \sqrt{\frac{592}{(5-1)\times 38.5}} = 2.0\text{mm}$$

式中，$V^{\mathrm{T}}PV$ 的计算见表 5.20。

表 5.20

序　号	1	2	3	4	5	$\sum\limits_{1}^{n}$
观测值 L_i（m）	112.814	112.807	112.802	112.817	112.816	
权 p_i	4.0	2.5	2.0	20.0	10.0	38.5
$l_i = L_i - X^0$（mm）	+4	-3	-8	+7	+6	
$p_i l_i$	+16.0	-7.5	-16.0	+140.0	+60.0	192.5
v_i（mm）	+1	+8	+13	-2	-1	
$p_i v_i v_i$	+4	+160	+338	+80	+10	592

习　　题

5.1　简述间接平差原理。

5.2　概述间接平差的计算步骤。

5.3　试确定图 5.10 中未知数的个数，并选择未知数列出误差方程。

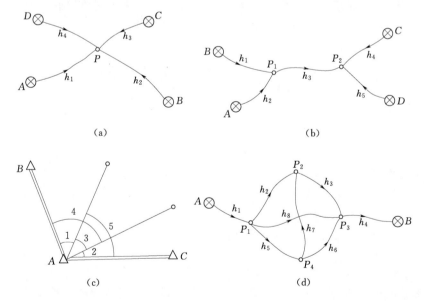

（a）　　　　　　　　　　　　　　（b）

（c）　　　　　　　　　　　　　　（d）

图 5.10

5.4　在前方交会图形中，观测三个角、两条边，试选择未知数，并列出误差方程（非线性化方程要进行线性化）。

5.5　某平差问题的观测值的误差方程及权为

$$v_1 = \hat{x}_1 + 0 \quad p_1 = 1.00$$

$$v_2 = \hat{x}_2 + 0 \quad p_2 = 1.00$$

$$v_3 = \hat{x}_1 - 4 \quad p_3 = 0.50$$

$$v_4 = -\hat{x}_3 + 0 \quad p_4 = 0.50$$

$$v_5 = -\hat{x}_1 + \hat{x}_2 - 7 \quad p_5 = 1.00$$

$$v_6 = \hat{x}_1 - \hat{x}_3 - 1 \quad p_6 = 1.00$$

$$v_7 = \hat{x}_2 - \hat{x}_3 - 1 \quad p_7 = 0.67$$

试组成法方程。

5.6 在图 5.11 的水准网中，P_1，P_2，P_3 为待定点，测得各段水准路线高差为：$h_1 = +1.335\text{m}$，$s_1 = 2\text{km}$，$h_2 = +0.055\text{m}$，$s_2 = 2\text{km}$，$h_3 = -1.396\text{m}$，$s_3 = 3\text{km}$。若令 2km 路线的观测高差为单位权观测，试用间接平差法求观测高差的平差值。

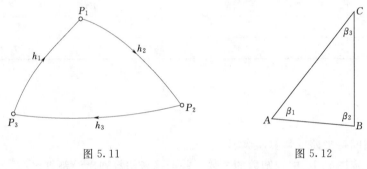

图 5.11   图 5.12

5.7 如图 5.12 所示，在三角形 ABC 中，测得不等精度观测值如下：$\beta_1 = 51°20'11.3''$，$p_1 = 1$，$\beta_2 = 88°08'21.9''$，$p_2 = 2$，$\beta_3 = 40°31'28.4''$，$p_3 = 2$。试按间接平差法计算各角的平差值。

5.8 试证明间接平差法中改正数向量与参数平差值向量间不相关。

5.9 设由同精度观测值（观测值权为 1）列出的误差方程为：

$$V = \begin{bmatrix} 1 & 0 \\ -1 & 1 \\ 0 & -1 \end{bmatrix} \begin{bmatrix} \hat{x}_1 \\ \hat{x}_2 \end{bmatrix} - \begin{bmatrix} -1 \\ 6 \\ 1 \end{bmatrix}$$

试按间接平差法求 $Q_{\hat{x}_2}$，Q_{v_3}，Q_L。

5.10 已知某平差问题的误差方程为：

$$V = \begin{bmatrix} 0 & 1 \\ 1 & -1 \\ -1 & 1 \\ 1 & 0 \end{bmatrix} \begin{bmatrix} \hat{x}_1 \\ \hat{x}_2 \end{bmatrix} - \begin{bmatrix} 4 \\ -3 \\ 3 \\ 4 \end{bmatrix} \text{（mm）}$$

未知参数的近似值为 $X^0 = [20.002 \quad 10.233]^{\mathrm{T}}$，设观测值的权阵为单位阵，试按间接平差法求：

(1) 未知参数的估值 $\hat{X}$。

(2) 未知参数估值 $\hat{X}$ 的方差 $Q_{\hat{X}\hat{X}}$。

5.11 在图 5.13 的水准网中，各路线观测高差及路线长度见表 5.21。

表 5. 21

编号	观测高差（m）	路线长度（km）	编号	观测高差（m）	路线长度（km）
1	1.015	6.25	4	11.563	3.95
2	12.570	4.70	5	6.414	4.25
3	6.161	7.15	6	5.139	5.50

设以 10km 路线的观测高差为单位权观测值，试按间接平差法，求：

（1）A 点至 B，C，D 三点间的高差平差值及其中误差。

（2）10km 路线的高差中误差。

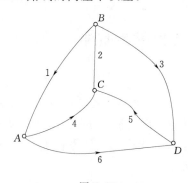

图 5.13

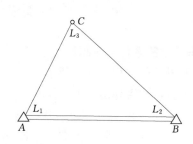

图 5.14

5.12　在图 5.14 的三角形 ABC 中，A，B 为已知点，C 为待定点。已知数据为

$X_A = 1.0$km，$Y_A = 1.0$km，$X_B = 1.0$km，$Y_B = 6.0$km，C 点的近似坐标为 $X_C^0 = 5.3$km，$Y_C^0 = 3.5$km，AC，BC 边的近似边长分别为 5.0km，5.0km，L_1，L_2，L_3 是同精度角度观测值。试按间接平差法求 C 点坐标的权倒数。

5.13　在图 5.15 所示的水准网中，A、B、C 为已知高程点，观测了四段高差，有关数据列入表 5.22。试按间接平差法求观测高差的平差值及 P_2 点平差后高程的中误差。

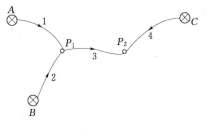

图 5.15

表 5. 22

路线编号	观测高差（m）	路线长度（km）	备 注
1	2.500	1	
2	2.000	1	
3	1.352	2	
4	1.851	1	
已知高程：			
	$H_A = 12.000$m		
	$H_B = 12.500$m		
	$H_C = 14.000$m		

第6章 附有参数的条件平差

学习目标：通过本章学习，理解附有参数的条件平差原理，熟悉附有参数的条件平差法条件方程列立、法方程组成及解算、单位权中误差计算及平差值函数精度评定的方法。

6.1 附有参数的条件平差原理

6.1.1 附有参数的条件平差原理

在控制网平差中，如果观测值个数为 n，必要观测数为 t，则多余观测数为 $r=n-t$，按照条件平差法，只需列出 r 个条件方程。有时为了列立条件方程的需要，又选取了 u 个独立的非观测量作为参数（$0<u<t$），并借助参数列出全部条件方程式（$c=r+u$）进行平差计算，这种方法称作附有参数的条件平差法。

设某平差问题，有 n 个观测值 L_1，L_2，$\cdots$，L_n，其权为 p_1，p_2，$\cdots$，p_n，经分析，有 r 个多余观测。现选取 u 个独立参数，则有附有参数的条件平差法的条件方程为

$$\mathop{F}_{c1}(\hat{L},\hat{X})=\mathop{0}_{c1} \tag{6.1}$$

令

$$\hat{L}=L+V \quad \hat{X}=X^0+\hat{x}$$

则式（6.1）线性化后的形式为

$$\mathop{A}_{cn}\mathop{V}_{n1}+\mathop{B}_{cu}\mathop{\hat{x}}_{u1}+\mathop{W}_{c1}=0 \tag{6.2}$$

其中，A、B 分别为 V、$\hat{x}$ 的系数阵，而改正数条件方程常数项 $W=F(L，X^0)$。

式（6.2）即为用观测值改正数和参数改正数表示的附有参数条件平差的条件方程。

由于条件方程个数 $c=r+u<n+u$，故不能求得 V、$\hat{x}$ 的唯一解。按最小二乘法原理，应满足 $V^{\mathrm{T}}PV=\min$，组成函数

$$\Phi=V^{\mathrm{T}}PV-2K^{\mathrm{T}}(AV+B\hat{x}+W) \tag{6.3}$$

其中，$\mathop{K}_{c1}$ 是对应于条件方程式（6.2）的联系数向量。按求条件极值的方法，将其分别对 V 和 $\hat{x}$ 求一阶偏导数并令其等于零，则有

$$\frac{\partial\Phi}{\partial V}=2V^{\mathrm{T}}P-2K^{\mathrm{T}}A=0$$

$$\frac{\partial\Phi}{\partial\hat{x}}=-2K^{\mathrm{T}}B=0$$

化简并转置得

$$PV-A^{\mathrm{T}}K=0, \tag{6.4}$$

$$B^{\mathrm{T}}K=0 \tag{6.5}$$

联立式（6.2）、式（6.4）、式（6.5），可求出 n 个观测值改正数、u 个参数改正数和 c 个联系数。通常称上述三式为附有参数的条件平差法的基础方程。

将式（6.4）左乘以 P^{-1}，得改正数方程为

$$V = P^{-1}A^{\mathrm{T}}K = QA^{\mathrm{T}}K \qquad (6.6)$$

于是，附有参数的条件平差的基础方程可表示为

$$\left.\begin{array}{l} \underset{cn}{A}\,\underset{n1}{V} + \underset{cu}{B}\,\underset{u1}{\hat{x}} + \underset{c1}{W} = \underset{c1}{0} \\[2mm] \underset{n1}{V} = \underset{nn}{P^{-1}}\,\underset{nc}{A^{\mathrm{T}}}\,\underset{c1}{K} = \underset{nn}{Q}\,\underset{nc}{A^{\mathrm{T}}}\,\underset{c1}{K} \\[2mm] \underset{uc}{B^{\mathrm{T}}}\,\underset{c1}{K} = \underset{u1}{0} \end{array}\right\} \qquad (6.7)$$

将改正数方程代入条件方程，得

$$\left.\begin{array}{l} AQA^{\mathrm{T}}K + B\hat{x} + W = 0 \\[2mm] B^{\mathrm{T}}K = 0 \end{array}\right\} \qquad (6.8)$$

令 $N_{aa} = AQA^{\mathrm{T}} = AP^{-1}A^{\mathrm{T}}$，则有

$$\left.\begin{array}{l} \underset{cc}{N_{aa}}\,\underset{c1}{K} + \underset{cu}{B}\,\underset{u1}{\hat{x}} + \underset{c1}{W} = \underset{c1}{0} \\[2mm] \underset{uc}{B^{\mathrm{T}}}\,\underset{c1}{K} = \underset{u1}{0} \end{array}\right\} \qquad (6.9)$$

式（6.9）称为附有参数的条件平差法的法方程。

由法方程的第一式，可得

$$K = -N_{aa}^{-1}(B\hat{x} + W) \qquad (6.10)$$

又以 $B^{\mathrm{T}}N_{aa}^{-1}$ 左乘以式（6.9）中的第一式，并与第二式相减，得

$$B^{\mathrm{T}}N_{aa}^{-1}B\hat{x} + B^{\mathrm{T}}N_{aa}^{-1}W = 0$$

再令 $N_{bb} = B^{\mathrm{T}}N_{aa}^{-1}B$，则有

$$\hat{x} = -N_{bb}^{-1}B^{\mathrm{T}}N_{aa}^{-1}W \qquad (6.11)$$

当参数改正数 $\hat{x}$ 计算出来后，可将 $\hat{x}$ 代入式（6.10）计算联系数 K，再将 K 代入式（6.6）计算观测值改正数 V。或直接将 $\hat{x}$ 代入下式计算改正数 V，即

$$V = -QA^{\mathrm{T}}N_{aa}^{-1}(B\hat{x} + W)$$

而平差值分别为

$$\hat{L} = L + V \qquad (6.12)$$

$$\hat{X} = X^0 + \hat{x} \qquad (6.13)$$

6.1.2　附有参数的条件平差的计算步骤

利用附有参数的条件平差法求观测值平差值和参数平差值的计算步骤如下。

（1）分析平差问题，选取 u 个（$0<u<t$）独立参数。

（2）列出附有参数的条件方程式，方程的个数 c 等于多余观测数 r 与参数个数 u 之和，即 $c=r+u$。如条件方程是非线性的，还需要线性化。

（3）计算改正数方程的常数项。

（4）根据条件方程的系数阵、常数项阵及观测值的协因数阵，组成法方程。法方程的个数为（$c+u$）个。

（5）解算法方程，求联系数，并求观测值的改正数。

（6）计算观测值的平差值和参数的平差值。

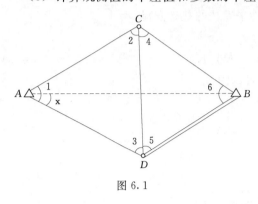

图 6.1

（7）将观测值的平差值和参数的平差值代入条件方程进行验证，看其是否满足条件方程。

【例 6.1】　某三角网如图 6.1 所示，A、B 为已知点，AD 为已知边，已知数据见表 6.1。C、D 为待定点，等精度观测 6 个水平角值，见表 6.2。现选取 $\angle BAD$ 的平差值为参数 $\hat{X}$，试按附有参数的条件平差法对该三角网进行平差，求各观测值的平差值。

表 6.1

点号	坐标		边长 S (m)	至何点
	X (m)	Y (m)		
A	1000.00	0.00	1732.00	B
B	1000.00	1732.00	1000.00	D

表 6.2

角号	观测值 (° ′ ″)	角号	观测值 (° ′ ″)	角号	观测值 (° ′ ″)
1	60　00　03	3	60　00　04	5	59　59　56
2	60　00　02	4	59　59　57	6	59　59　59

解：（1）选定参数，并求参数的近似值 X^0。

根据 $\sin X^0 = \dfrac{S_{BD}\sin(L_3 + L_5)}{S_{AB}}$

得　　　　　　　　　　　　　　$X^0 = 30°00'03''$

（2）列出平差值方程。

由于 $n=6$，$t=3$，$u=1$，所以 $c=r+u=4$。4 个条件方程式分别为

2 个图形条件：

$$v_1 + v_2 + v_3 + w_a = 0 \tag{a}$$

$$v_4 + v_5 + v_6 + w_b = 0 \tag{b}$$

1 个极条件（以 B 点为极）：

$$\frac{\sin(\hat{L}_1 - \hat{X})\sin(\hat{L}_3 + \hat{L}_5)\sin\hat{L}_4}{\sin(\hat{L}_2 + \hat{L}_4)\sin\hat{X}\sin\hat{L}_5} = 1$$

线性化后，得

$$\left.\begin{array}{l}\cot(L_1 - X^0)v_1 - \cot(L_2 + L_4)v_2 + \cot(L_3 + L_5)v_3 + [\cot L_4 - \cot(L_2 + L_4)]v_4 \\ + [\cot(L_3 + L_5) - \cot L_5]v_5 - [\cot X^0 + \cot(L_1 - X^0)]\hat{x} + w_c = 0 \\[2mm] w_c = \left(1 - \dfrac{\sin(L_2 + L_4)\sin X^0 \sin L_5}{\sin(L_1 - X^0)\sin(L_3 + L_5)\sin L_4}\right)\rho'' \end{array}\right\} \tag{c}$$

1 个固定边条件：

$$\frac{S_{AB}\sin\hat{X}}{\sin(\hat{L}_3+\hat{L}_5)}=S_{BD}$$

线性化后，得

$$\left.\begin{array}{l}-\cot(L_3+L_5)v_3-\cot(L_3+L_5)v_5+\cot X^0\hat{x}+w_d=0\\[2mm]w_d=\left(1-\dfrac{S_{BD}\sin(L_3+L_5)}{S_{AB}\sin X^0}\right)\rho''\end{array}\right\}\qquad\text{(d)}$$

（3）计算改正数方程的常数项 W。

$$w_a=L_1+L_2+L_3-180°\quad 得\ w_a=+9$$

$$w_b=L_4+L_5+L_6-180°\quad 得\ w_b=-8$$

$$w_c=\left[1-\frac{\sin(L_2+L_4)\sin X^0\sin L_5}{\sin(L_1-X^0)\sin(L_3+L_5)\sin L_4}\right]\rho''\quad 得\ w_c=-5.777$$

$$w_d=\left[1-\frac{S_{BD}\sin(L_3+L_5)}{S_{AB}\sin X^0}\right]\rho''\quad 得\ w_d=-0.852$$

误差方程为

$$\left.\begin{array}{l}v_1+v_2+v_3+9=0\\[1mm]v_4+v_5+v_6-8=0\\[1mm]1.732v_1+0.577v_2-0.577v_3+1.155v_4-1.155v_5-3.464\hat{x}-5.777=0\\[1mm]0.577v_3+0.577v_5+1.732\hat{x}-0.852=0\end{array}\right\}$$

（4）组成法方程。

$$\begin{bmatrix}+3.000 & 0.000 & +1.732 & +0.577\\0.000 & +3.000 & 0.000 & +0.577\\+1.732 & 0.000 & 6.334 & -0.999\\+0.577 & +0.577 & -0.999 & +0.666\end{bmatrix}\begin{bmatrix}k_1\\k_2\\k_3\\k_4\end{bmatrix}+\begin{bmatrix}0\\0\\-3.464\\+1.732\end{bmatrix}\hat{x}+\begin{bmatrix}+9\\-8\\-5.777\\-0.852\end{bmatrix}=0$$

$$\begin{bmatrix}0.00 & 0.00 & -3.464 & +1.732\end{bmatrix}\begin{bmatrix}k_1\\k_2\\k_3\\k_4\end{bmatrix}=0$$

（5）解算法方程。

由 $$\hat{x}=-N_{bb}^{-1}B^{\mathrm{T}}N_{aa}^{-1}W$$

解得

$$\hat{x}=+2.5$$

由 $$K=-N_{aa}^{-1}(B\hat{x}+W)$$

解得

$$K=[14.9023\ \ 12.3270\ \ -14.2760\ \ -50.2268]^{\mathrm{T}}$$

由 $$V=P^{-1}A^{\mathrm{T}}K$$

解得

$$V=[-9.8\ \ 6.6\ \ -5.8\ \ -4.2\ \ -0.1\ \ +12.3]^{\mathrm{T}}$$

（6）计算观测值平差值和参数平差值。

观测值平差值：$\hat{L}_1 = L_1 + v_1 = 60°00'03'' - 9.8'' = 59°59'53.2''$

$\hat{L}_2 = L_2 + v_2 = 60°00'02'' + 6.6'' = 60°00'08.6''$

$\hat{L}_3 = L_3 + v_3 = 60°00'04'' - 5.8'' = 59°59'58.2''$

$\hat{L}_4 = L_4 + v_4 = 59°59'57'' - 4.2'' = 59°59'52.8''$

$\hat{L}_5 = L_5 + v_5 = 59°59'56'' - 0.1'' = 59°59'55.9''$

$\hat{L}_6 = L_6 + v_6 = 59°59'59'' + 12.3'' = 60°00'11.3''$

参数平差值：$\hat{X} = X^0 + \hat{x} = 30°00'03'' + 2.5'' = 30°00'05.5''$

（7）将平差值代入条件方程进行验证

$$\hat{L}_1 + \hat{L}_2 + \hat{L}_3 - 180° = 0$$

$$\hat{L}_3 + \hat{L}_4 + \hat{L}_5 - 180° = 0$$

说明平差结果准确。

6.2　附有参数的条件平差的精度评定

6.2.1　单位权中误差估值的计算

$$\hat{\sigma}_0^2 = \frac{V^{\mathrm{T}}PV}{r} = \frac{V^{\mathrm{T}}PV}{c - u} \tag{6.14}$$

式中，$V^{\mathrm{T}}PV$ 的计算可采用下列方法：

（1）用改正数 V 直接计算

当权阵为对角阵时

$$V^{\mathrm{T}}PV = p_1 v_1^2 + p_2 v_2^2 + \cdots + p_n v_n^2 \tag{6.15}$$

（2）用条件方程常数项 W 和联系数 K 进行计算

$$V^{\mathrm{T}}PV = (QA^{\mathrm{T}}K)^{\mathrm{T}}PV = K^{\mathrm{T}}AV = -K^{\mathrm{T}}(B\hat{x} + W) \tag{6.16}$$

6.2.2　平差值函数中误差的计算

1. 平差值协因数的计算

在附有参数的条件平差中，平差值主要是有观测值的平差值 $\hat{L}$ 及参数的平差值 $\hat{X}$ 两种。由 $W = -AL - W^0$，有

$$Q_{WW} = AQA^{\mathrm{T}} = N_{aa}$$

由 $\hat{X} = X^0 + \hat{x} = X^0 - N_{bb}^{-1}B^{\mathrm{T}}N_{aa}^{-1}W$，有

$$Q_{\hat{X}\hat{X}} = N_{bb}^{-1}B^{\mathrm{T}}N_{aa}^{-1}Q_{WW}N_{aa}^{-1}BN_{bb}^{-1} = N_{bb}^{-1}B^{\mathrm{T}}N_{aa}^{-1}N_{aa}N_{aa}^{-1}BN_{bb}^{-1} = N_{bb}^{-1}$$

由 $K = -N_{aa}^{-1}B\hat{x} - N_{aa}^{-1}W$，有

$$Q_{KK} = N_{aa}^{-1} - N_{aa}^{-1}BN_{bb}^{-1}B^{\mathrm{T}}N_{aa}^{-1} = N_{aa}^{-1} - N_{aa}^{-1}BQ_{\hat{X}\hat{X}}B^{\mathrm{T}}N_{aa}^{-1}$$

由 $V = QA^{\mathrm{T}}K$，有

$$Q_{VV} = QA^{\mathrm{T}}Q_{KK}AQ$$

由 $\hat{L} = L + V$，有

$$Q_{\hat{L}\hat{L}} = Q - Q_{VV} = Q - QA^{\mathrm{T}}Q_{KK}AQ$$

同样，可推求

$$Q_{L\hat{X}} = -QA^T N_{aa}^{-1} B N_{bb}^{-1}$$

2. 平差值函数协因数的计算

在附有参数的条件平差中，设有平差值的函数为

$$\hat{\varphi} = \Phi(\hat{L}, \hat{X}) \tag{6.17}$$

当其为非线性函数时，对其全微分，得权函数式为

$$d\hat{\varphi} = \frac{\partial \Phi}{\partial \hat{L}} d\hat{L} + \frac{\partial \Phi}{\partial \hat{X}} d\hat{X} = F^T d\hat{L} + F_x^T d\hat{X} \tag{6.18}$$

式中

$$F^T = \begin{bmatrix} \dfrac{\partial \Phi}{\partial \hat{L}_1} & \dfrac{\partial \Phi}{\partial \hat{L}_2} & \cdots & \dfrac{\partial \Phi}{\partial \hat{L}_n} \end{bmatrix}_{L,X^0}$$

$$F_x^T = \begin{bmatrix} \dfrac{\partial \Phi}{\partial \hat{X}_1} & \dfrac{\partial \Phi}{\partial \hat{X}_2} & \cdots & \dfrac{\partial \Phi}{\partial \hat{X}_u} \end{bmatrix}_{L,X^0} \tag{6.19}$$

按协因数传播律，得 $\hat{\varphi}$ 的协因数为

$$Q_{\hat{\varphi}\hat{\varphi}} = \begin{bmatrix} F^T & F_x^T \end{bmatrix} \begin{bmatrix} Q_{\hat{L}\hat{L}} & Q_{\hat{L}\hat{X}} \\ Q_{\hat{X}\hat{L}} & Q_{\hat{X}\hat{X}} \end{bmatrix} \begin{bmatrix} F \\ F_x \end{bmatrix}$$

$$= F^T Q_{\hat{L}\hat{L}} F + F^T Q_{\hat{L}\hat{X}} F_x + F_x^T Q_{\hat{X}\hat{L}} F + F_x^T Q_{\hat{X}\hat{X}} F_x \tag{6.20}$$

3. 平差值函数中误差的计算

$\hat{\varphi}$ 的中误差为

$$\sigma_{\hat{\varphi}} = \hat{\sigma}_0 \sqrt{Q_{\hat{\varphi}\hat{\varphi}}} \tag{6.21}$$

6.3 附有参数的条件平差计算示例

【例 6.2】 在图 6.2 所示的水准网中，已知点 A 的高程 $H_A = 10.000\text{m}$，P_1、P_2、P_3、P_4 为待定点，各路线观测高差及长度见表 6.3。若选定 P_2 点高程平差值为参数，试求：

（1）列出条件方程。

（2）求出法方程。

（3）求出观测值的改正数及平差值。

（4）平差后单位权方差及 P_2 点高程平差值中误差。

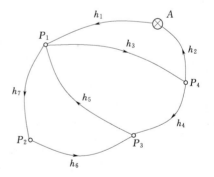

图 6.2

表 6.3

路线编号	观测高差（m）	路线长度（km）	路线编号	观测高差（m）	路线长度（km）
1	+1.270	2	5	−3.721	1
2	−3.380	2	6	+2.931	2
3	+2.114	1	7	+0.782	2
4	+1.613	2			

解：（1）列出条件方程。

首先，求参数 $\hat{X}$ 的近似值。

$$X^0 = H_{P_2}^0 = H_A + h_1 + h_7 = 12.052\text{m}$$

本题中，$n=7$，$r=3$，$u=1$，可列出条件方程，并转化成改正数所表示的条件方程为

$$v_1 + v_2 + v_3 + 4 = 0$$
$$v_3 + v_4 + v_5 + 6 = 0$$
$$v_5 + v_6 + v_7 - 8 = 0$$
$$v_1 + v_7 - \hat{x} = 0$$

（2）组成法方程。

取 $C = 2\text{km}$ 定权，法方程为

$$\begin{bmatrix} 2.5 & 0.5 & 0.0 & 1.0 \\ 0.5 & 2.0 & 0.5 & 0.0 \\ 0.0 & 0.5 & 2.5 & 1.0 \\ 1.0 & 0.0 & 1.0 & 2.0 \end{bmatrix} \begin{bmatrix} k_1 \\ k_2 \\ k_3 \\ k_4 \end{bmatrix} + \begin{bmatrix} 0 \\ 0 \\ 0 \\ -1 \end{bmatrix} \hat{x} + \begin{bmatrix} +4 \\ +6 \\ -8 \\ 0 \end{bmatrix} = 0$$

$$\begin{bmatrix} 0 & 0 & 0 & -1 \end{bmatrix} \begin{bmatrix} k_1 \\ k_2 \\ k_3 \\ k_4 \end{bmatrix} = 0$$

（3）求出观测值的改正数及平差值。

由法方程，按公式 $\hat{x} = -N_{bb}^{-1} B^{\mathrm{T}} N_{aa}^{-1} W$，解得 $\hat{x} = 3$。

由
$$K = -N_{aa}^{-1}(B\hat{x} + W)$$

解得

$$K = \begin{bmatrix} -0.8 & -3.8 & +4.0 & -0.1 \end{bmatrix}^{\mathrm{T}}$$

由
$$V = P^{-1} A^{\mathrm{T}} K$$

解得

$$V = \begin{bmatrix} -1 & -1 & -2 & -4 & 0 & +4 & +4 \end{bmatrix}^{\mathrm{T}} \text{mm}$$

则观测值的平差值为

$$\hat{h}_1 = h_1 + v_1 = 1.270 - 0.001 = 1.269\text{m}$$
$$\hat{h}_2 = h_2 + v_2 = -3.380 - 0.001 = -3.381\text{m}$$
$$\hat{h}_3 = h_3 + v_3 = 2.114 - 0.002 = 2.112\text{m}$$
$$\hat{h}_4 = h_4 + v_4 = 1.613 - 0.004 = 1.609\text{m}$$
$$\hat{h}_5 = h_5 + v_5 = -3.721 + 0 = -3.721\text{m}$$
$$\hat{h}_6 = h_6 + v_6 = 2.931 + 0.004 = 2.935\text{m}$$
$$\hat{h}_7 = h_7 + v_7 = 0.782 + 0.004 = 0.786\text{m}$$

参数平差值为

$$\hat{X} = X^0 + \hat{x} = 12.052 + 0.003 = 12.055\text{m}$$

将平差值代入条件方程进行验证，证明结果准确。

（4）平差后单位权方差及 P_2 点高程平差值中误差

平差后单位权方差为

$$\hat{\sigma}_0^2 = \frac{V^{\mathrm{T}} P V}{r} = \frac{V^{\mathrm{T}} P V}{c - u} = 19.3 \mathrm{mm}^2$$

P_2 点高程平差值的协因数为

$$Q_{\hat{X}\hat{X}} = N_{bb}^{-1} = 0.9$$

$$\hat{\sigma}_{P_2} = \hat{\sigma}_0 \sqrt{Q_{\hat{X}\hat{X}}} = 4.2 \mathrm{mm}$$

习　题

6.1　在附有参数的条件平差模型里，所选参数的个数有没有限制？能否多于必要观测数？

6.2　某平差问题有 12 个同精度观测值，必要观测数 $t = 6$，现选取 2 个独立的参数参与平差，应列出多少个条件方程？

6.3　已知附有参数的条件方程为

$$\begin{cases} v_1 - \hat{x} - 4 = 0 \\ v_2 + v_4 + \hat{x} - 2 = 0 \\ v_3 - v_4 - 5 = 0 \end{cases}$$

试求等精度观测值 L_i 的改正数 v_i 及参数的改正数 $\hat{x}$。

6.4　已知附有参数的条件方程为

$$\begin{cases} v_1 - v_2 + v_3 - \hat{x} = 0 \\ v_4 + v_5 + v_6 + \hat{x} + 6 = 0 \end{cases}$$

试求等精度观测值 L_i 的改正数 v_i 及参数的改正数 $\hat{x}$。

6.5　在附有参数的条件平差中，若有平差值函数 $\hat{\varphi} = f_x^{\mathrm{T}} \hat{X} + f_0$，试写出求 $\hat{\varphi}$ 的协因数表达式。

6.6　在图 6.3 所示的水准网中，A 为已知点，P_1、P_2、P_3 为待定点，观测了高差 $h_1 \sim h_5$，观测路线长度相等，现选择 P_3 点的高程平差值为参数，求 P_3 点平差后高程的协因数。

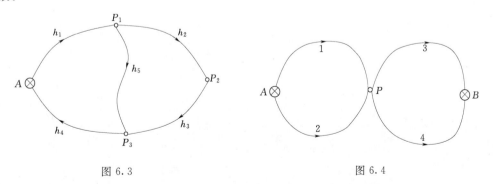

图 6.3　　　　　　　　　　　　　图 6.4

6.7　在图 6.4 所示的水准网中，已知高程 $H_A = 53.000 \mathrm{m}$，$H_B = 58.000 \mathrm{m}$，测得高差为 $h_1 = +2.950 \mathrm{m}$，$h_2 = +2.970 \mathrm{m}$，$h_3 = +2.080 \mathrm{m}$，$h_4 = +2.060 \mathrm{m}$。设每条水准线路长度相同，试按附有参数的条件平差法求：

（1）P 点高程的平差值。

（2）P 点平差后高程的协因数。

6.8 有水准网如图 6.5，已知 A 点高程为 $H_A = 10.000\text{m}$，同精度观测了 5 条水准路线，观测高差分别为 $h_1 = 7.251\text{m}$，$h_2 = 0.312\text{m}$，$h_3 = -0.097\text{m}$，$h_4 = 1.654\text{m}$，$h_5 = 0.400\text{m}$。若设 AC 间高差平差值 $\hat{h}_{AC}$ 为参数 $\hat{X}$，试按附有参数的条件平差法求待定点 C 的平差高程及平差高程中误差。

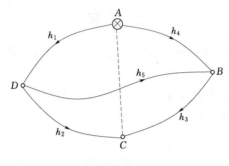

图 6.5

第7章 附有限制条件的间接平差

学习目标：通过本章学习，理解附有限制条件的间接平差原理，熟悉附有限制条件的间接平差的参数选取、误差方程式列立、法方程组成与解算、精度评定等方法。

7.1 附有限制条件的间接平差原理

7.1.1 附有限制条件的间接平差原理

在一个平差问题中，设观测值的个数是 n，必要观测数是 t，则多余观测数是 $r=n-t$。如果在进行间接平差时，除了选择 t 个函数独立的未知参数外，又选择了 s 个参数，即一共有 $u=t+s$ 参数，则这 u 个未知参数间必然存在着 s 个约束条件。平差时列出 n 个观测方程和 s 个约束条件方程，以此为函数模型进行的平差方法，称为附有限制条件的间接平差法。

设有观测值 L_i，其权为 p_i，现选取 u 个未知参数 $\hat{X}_i$，按附有限制条件的间接平差法，有观测值平差值方程

$$\hat{L}_{n1} = F(\hat{X}_{u1}) \tag{7.1}$$

而参数间的限制条件方程为

$$\Phi_{s1}(\hat{X}_{u1}) = 0 \tag{7.2}$$

令

$$\hat{L} = L + V \quad \hat{X} = X^0 + \hat{x}$$

则式（7.1）、式（7.2）分别线性化后的形式为

$$V = B\hat{x} - l \tag{7.3}$$

$$C\hat{x} + W_x = 0 \tag{7.4}$$

式中：B、C 分别为两组方程中 $\hat{x}$ 的系数阵，$l=L-F(X^0)$，$W_x=\Phi(X^0)$。

在式（7.3）、式（7.4）中，观测值改正数和参数改正数是待求量，共有 $(n+u)$ 个，而方程的个数是 $(n+s)$，无法求出唯一解。为此，按最小二乘原理，要求 $V^T PV=$ min。根据求条件极值的方法，组成函数

$$\Phi = V^T PV + 2K_s^T(C\hat{x} + W_x) \tag{7.5}$$

式中：K_s 为对应于限制条件方程的联系数向量，共有 s 个。

将 Φ 对 $\hat{x}$ 求一阶偏导数，并令其为零，有

$$\frac{\partial \Phi}{\partial \hat{x}} = 2V^T P \frac{\partial V}{\partial \hat{x}} + 2K_s^T C = 2V^T PB + 2K_s^T C = 0$$

化简、转置后，得

$$B^T PV + C^T K_s = 0 \tag{7.6}$$

式（7.3）、式（7.4）、式（7.6）称为附有限制条件的间接平差法的基础方程。

将式（7.3）代入式（7.6），有附有限制条件的间接平差法的法方程为

$$\left.\begin{array}{r} B^{\mathrm{T}}PB\hat{x} + C^{\mathrm{T}}K_s - B^{\mathrm{T}}Pl = 0 \\ C\hat{x} + W_x = 0 \end{array}\right\} \tag{7.7}$$

令

$$N_{BB} = B^{\mathrm{T}}PB \quad W = B^{\mathrm{T}}Pl$$

则法方程可写为

$$\left.\begin{array}{r} N_{BB}\hat{x} + C^{\mathrm{T}}K_s - W = 0 \\ C\hat{x} + W_x = 0 \end{array}\right\} \tag{7.8}$$

用 CN_{BB}^{-1} 左乘法方程组的第一式，再减去法方程组的第二式消去 $\hat{x}$，有

$$CN_{BB}^{-1}C^{\mathrm{T}}K_s - (CN_{BB}^{-1}W + W_x) = 0$$

又令

$$N_{CC} = CN_{BB}^{-1}C^{\mathrm{T}} \tag{7.9}$$

解得

$$K_s = N_{CC}^{-1}(CN_{BB}^{-1}W + W_x) \tag{7.10}$$

将式（7.10）代入法方程组式（7.8）的第一式，有

$$\hat{x} = (N_{BB}^{-1} - N_{BB}^{-1}C^{\mathrm{T}}N_{CC}^{-1}CN_{BB}^{-1})W - N_{BB}^{-1}C^{\mathrm{T}}N_{CC}^{-1}W_x \tag{7.11}$$

解出 $\hat{x}$ 之后，可求观测值的改正数、观测值的平差值及参数的平差值

$$V = B\hat{x} - l \tag{7.12}$$

$$\hat{L} = L + V \tag{7.13}$$

$$\hat{X} = X^0 + \hat{x} \tag{7.14}$$

7.1.2　附有限制条件的间接平差的计算步骤

附有限制条件的间接平差法的计算步骤可归纳为：

（1）根据平差问题，选定 u 个未知参数（$u>t$）。

（2）列出观测值平差方程及限制条件方程，方程总个数应为（$n+s$）个。如函数为非线性的，则需要将其线性化。确定误差方程式中的系数阵、常数项阵及限制条件方程中的系数阵、常数项阵。

（3）确定观测值的权，组成法方程。

（4）解算法方程，求出联系数。

（5）计算参数改正数及参数平差值。

（6）计算观测值改正数及观测值平差值。

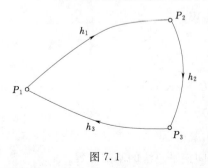

图 7.1

在实际平差计算中，当列出误差方程和限制条件方程之后，即可直接计算 N_{BB}、N_{BB}^{-1}、N_{CC}、N_{CC}^{-1}，然后计算 $\hat{x}$、V 以及参数的平差值和观测值的平差值。

【例 7.1】　如图 7.1 所示水准网，等精度测得各线路的高差分别为：$h_1 = +0.008\mathrm{m}$，$h_2 = +0.016\mathrm{m}$，$h_3 = -0.030\mathrm{m}$。现选取 P_1P_2、P_2P_3、P_3P_1 三条线路的高差平差值为未知参数 $\hat{X}_1$、$\hat{X}_2$、$\hat{X}_3$，其近似值取对应的观测值，试按附有限制条件的间接平差法求

各观测高差的平差值。

解：本题中，$n=3$，$t=2$，现选取 3 个参数，可列出 1 个限制条件方程。

观测值的平差值方程为

$$\hat{h}_1 = \hat{X}_1$$
$$\hat{h}_2 = \hat{X}_2$$
$$\hat{h}_3 = \hat{X}_3$$

限制条件方程为

$$\hat{X}_1 + \hat{X}_2 + \hat{X}_3 = 0$$

将观测数据及参数近似值代入上面各式，得到误差方程和限制条件方程为

$$v_1 = \hat{x}_1$$
$$v_2 = \hat{x}_2$$
$$v_3 = \hat{x}_3$$
$$\hat{x}_1 + \hat{x}_2 + \hat{x}_3 - 6 = 0$$

因为，观测值为等精度观测，则相应的法方程为

$$\begin{bmatrix} 1 & 0 & 0 & 1 \\ 0 & 1 & 0 & 1 \\ 0 & 0 & 1 & 0 \\ 1 & 1 & 1 & 0 \end{bmatrix} \begin{bmatrix} \hat{x}_1 \\ \hat{x}_2 \\ \hat{x}_3 \\ K_s \end{bmatrix} + \begin{bmatrix} 0 \\ 0 \\ 0 \\ -6 \end{bmatrix} = 0$$

现由法方程直接求解 $\hat{x}$，得

$$\hat{x}_1 = \hat{x}_2 = \hat{x}_3 = 2\text{mm}$$

则各观测高差的平差值为

$$\hat{h}_1 = +0.010\text{m}$$
$$\hat{h}_2 = +0.018\text{m}$$
$$\hat{h}_3 = -0.028\text{m}$$

7.2 附有限制条件的间接平差的精度评定

7.2.1 单位权中误差估值的计算

附有限制条件的间接平差的单位权中误差估值计算式为

$$\hat{\sigma}_0 = \sqrt{\frac{V^\mathrm{T} P V}{r}} \tag{7.15}$$

式中：r 为多余观测数。

$V^\mathrm{T} P V$，可以由观测值的改正数及观测值的权直接计算。也可采用下式进行计算：

$$V^\mathrm{T} P V = l^\mathrm{T} P l + K_s^\mathrm{T} W_x - \hat{x}^\mathrm{T} W \tag{7.16}$$

7.2.2 平差参数函数的中误差的计算

1. 平差参数协因数的计算

由 $W = B^\mathrm{T} P l = B^\mathrm{T} PL + W_0$，因 $Q_{LL} = Q$，有

$$Q_{WW} = N_{BB} \tag{7.17}$$

由 $\hat{x} = (N_{BB}^{-1} - N_{BB}^{-1} C^T N_{CC}^{-1} C N_{BB}^{-1}) W - N_{BB}^{-1} C^T N_{CC}^{-1} W_x$，有

$$Q_{\hat{X}\hat{X}} = Q_{\hat{x}\hat{x}} = N_{BB}^{-1} - N_{BB}^{-1} C^T N_{CC}^{-1} C N_{BB}^{-1} \tag{7.18}$$

2. 平差参数函数的协因数的计算

设有某量是选定参数 $\hat{X}_i$ 的函数，即

$$\hat{\varphi} = \Psi(\hat{X}) \tag{7.19}$$

当函数为非线性时，对函数求全微分，得权函数式为

$$d\hat{\varphi} = \left(\frac{\partial \Psi}{\partial \hat{X}} \right)_0 d\hat{X} = F^T d\hat{X} \tag{7.20}$$

式中

$$F^T = \left[\frac{\partial \Psi}{\partial \hat{X}_1} \quad \frac{\partial \Psi}{\partial \hat{X}_2} \quad \cdots \quad \frac{\partial \Psi}{\partial \hat{X}_u} \right]_0 \quad d\hat{X} = [d\hat{X}_1 \quad d\hat{X}_2 \quad \cdots \quad d\hat{X}_u]^T$$

由协因数传播定律，$\hat{\varphi}$ 的协因数为

$$Q_{\hat{\varphi}\hat{\varphi}} = F^T Q_{\hat{X}\hat{X}} F \tag{7.21}$$

3. 平差参数函数的中误差的计算

平差参数函数 $\hat{\varphi}$ 的中误差为

$$\hat{\sigma}_{\hat{\varphi}} = \hat{\sigma}_0 \sqrt{Q_{\hat{\varphi}\hat{\varphi}}} \tag{7.22}$$

7.3　附有限制条件的间接平差示例

【例 7.2】　如图 7.2 所示，等精度独立观测了 3 个角度，观测值分别为 $L_1 = 30°45'20''$、$L_2 = 47°12'54''$、$L_3 = 77°58'20''$，且有一个固定角 $\angle AOB = 77°58' 24''$。试用附有限制条件的间接平差法求各观测值的平差值，及 $\angle AOP$ 平差值的中误差。

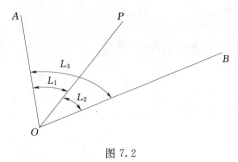

图 7.2

解：（1）列出误差方程及限制条件方程。

本题中，$n = 3$，$t = 1$。现选取两个平差参数 $\angle AOP = \hat{X}_1$，$\angle BOP = \hat{X}_2$。则观测值平差值方程为

$$\hat{L}_1 = \hat{X}_1$$
$$\hat{L}_2 = \hat{X}_2$$
$$\hat{L}_3 = \hat{X}_1 + \hat{X}_2$$

而限制条件方程为

$$\hat{X}_1 + \hat{X}_2 - \angle AOB = 0$$

取参数近似值分别为对应角度观测值，则有误差方程和限制条件方程为

$$v_1 = \hat{x}_1$$
$$v_2 = \hat{x}_2$$
$$v_3 = \hat{x}_1 + \hat{x}_2 - 6$$
$$\hat{x}_1 + \hat{x}_2 - 10 = 0$$

（2）确定观测值的权，并计算相关系数阵。

因为角度观测值是等精度的，所以

$$P = \begin{bmatrix} 1 & & \\ & 1 & \\ & & 1 \end{bmatrix}$$

而

$$N_{BB} = B^{\mathrm{T}}PB = \begin{bmatrix} 2 & 1 \\ 1 & 2 \end{bmatrix}, \quad W = B^{\mathrm{T}}Pl = \begin{bmatrix} 6 \\ 6 \end{bmatrix}$$

则

$$N_{BB}^{-1} = \frac{1}{3}\begin{bmatrix} 2 & -1 \\ -1 & 2 \end{bmatrix}, \quad N_{CC} = CN_{BB}^{-1}C^{\mathrm{T}} = 2/3$$

$$K_s = N_{CC}^{-1}(CN_{BB}^{-1}W + W_x) = -9$$

（3）改正数及平差值计算。

平差参数的改正数为

$$\hat{x} = N_{BB}^{-1}(W - C^{\mathrm{T}}K_s) = \begin{bmatrix} 5'' \\ 5'' \end{bmatrix}$$

观测值的改正数为

$$V = B\hat{x} - l = \begin{bmatrix} 5'' \\ 5'' \\ 4'' \end{bmatrix}$$

观测值的平差值为

$$\hat{L} = L + V = \begin{bmatrix} 30°45'25'' \\ 47°12'59'' \\ 77°58'24'' \end{bmatrix}$$

（4）精度评定。

单位权中误差为

$$\hat{\sigma}_0 = \sqrt{\frac{V^{\mathrm{T}}PV}{r}} = \sqrt{33} = 5.7''$$

根据题意，平差参数的函数式为

$$\hat{\varphi} = \hat{X}_1$$

而平差参数的协因数阵为

$$Q_{\hat{X}\hat{X}} = (N_{BB}^{-1} - N_{BB}^{-1}C^{\mathrm{T}}N_{CC}^{-1}CN_{BB}^{-1}) = \frac{1}{2}\begin{bmatrix} 1 & -1 \\ -1 & 1 \end{bmatrix}$$

因此，$\angle AOP$ 平差值的中误差为

$$\hat{\sigma}_{\hat{X}_1} = \hat{\sigma}_0\sqrt{Q_{\hat{X}_1\hat{X}_1}} = 5.7\sqrt{\frac{1}{2}} = 4.0''$$

习　题

7.1　简述附有限制条件的间接平差法的计算步骤。

7.2　在图 7.3 的单一附合水准路线中，A、B 为已知点，其已知高程分别为 $H_A =$ 10.258m，$H_B = 15.127$m，P_1、P_2 为待定点。各路线观测高差及长度分别为：

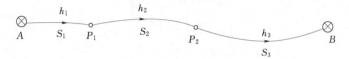

图 7.3

$h_1 = 2.154$m，$s_1 = 2$km，$h_2 = 1.678$m，$s_2 = 3$km，$h_3 = 1.031$m，$s_3 = 4$km，若选 P_1、P_2 点高程平差值为未知参数 $\hat{X}_1$、$\hat{X}_2$，P_1 点至 P_2 点间高差平差值为未知参数 $\hat{X}_3$，试按附有限制条件的间接平差求 P_1、P_2 高程平差值及 P_1 点至 P_2 点间高差平差值。

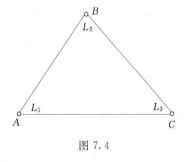

图 7.4

7.3　在图 7.4 所示三角形 ABC 中，以同精度测得三个内角为：$L_1 = 61°20'11.3''$，$L_2 = 78°08'21.9''$，$L_3 = 40°31'28.4''$，若以三个观测角的平差值作为未知参数，试按附有限制条件的间接平差法求各观测角的平差值。

7.4　在某平差问题中，同精度独立观测值为 L_1、L_2、L_3、L_4，按附有限制条件的间接平差法进行平差计算，已列出误差方程为：

$$v_1 = \hat{x}_1 - 1$$
$$v_2 = \hat{x}_1 - 2$$
$$v_3 = \hat{x}_2 + 1$$
$$v_4 = \hat{x}_1 + \hat{x}_2 + 2$$

限制条件方程为：$\qquad \hat{x}_1 + 2\hat{x}_2 + 3 = 0$

设有未知数的函数：$\qquad \hat{\varphi} = 3\hat{x}_1 - 5\hat{x}_2$

（1）试写出法方程，求出未知数及联系数。

（2）计算未知数函数的协因数。

7.5　有水准网如图 7.5 所示，已知 $H_A = 8.608$m，$H_D = 9.740$m，等精度观测高差为：

$h_1 = 2.359$m，$h_2 = 3.280$m，$h_3 = 1.226$m，$h_4 = 2.156$m，$h_5 = 0.928$m，若选取三个未知参数：$\hat{X}_1 = \hat{H}_C$，$\hat{X}_2 = \hat{H}_B$，$\hat{X}_3 = \hat{h}_5$，试按附有限制条件的间接平差法求：

（1）列出误差方程和限制条件方程。

（2）组成法方程。

（3）各段高差的改正数与平差值。

（4）平差后 B、C 点高程平差值及其中误差。

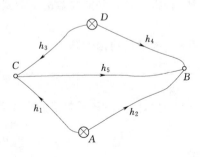

图 7.5

第8章 误 差 椭 圆

学习目标：通过本章学习，掌握点位位差、误差曲线及误差椭圆的基本概念，熟悉任意方向位差的计算方法，能够根据待定点坐标平差值的协因数计算误差椭圆的三要素，能够根据误差椭圆量取不同方向的位差。

8.1 概　　述

在测量中，为了确定待定点的平面直角坐标，通常需进行一系列观测。由于观测值总是带有观测误差，因此根据观测值通过平差计算所获得的是待定点坐标的平差值 $\hat{x}$，$\hat{y}$（为了书写方便，本章中以符号 x、y 代替平差值符号 $\hat{x}$、$\hat{y}$），而不是待定点坐标的真值 $\tilde{x}$，$\tilde{y}$。

在图 8.1 中，A 为已知点，假定其坐标是不带误差的数值。P 为待定点的真位置，P' 点为通过观测值经过平差计算所得到的点位，同一待定点的两对坐标之间存在着误差 Δx、Δy，即有

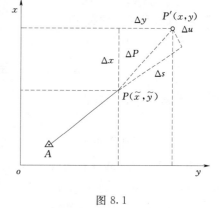

$$\left.\begin{array}{l}\Delta x = \tilde{x} - x\\\Delta y = \tilde{y} - y\end{array}\right\} \qquad (8.1)$$

式中：Δx、Δy 分别为待定点在两个坐标方向上的位置差，称为坐标真误差。

而 P、P' 点间的距离可由下式计算

$$\Delta P^2 = \Delta x^2 + \Delta y^2 \qquad (8.2)$$

图 8.1

式中：ΔP 称为点位真误差，简称为真位差。

因此，Δx、Δy 是真位差 ΔP 在 x 轴和 y 轴上的两个位差分量，也可以理解为真位差在两个坐标轴上的投影。

设 Δx、Δy 的中误差分别为 σ_x、σ_y，可以证明 Δx 与 Δy 间互相独立，则点 P 真位差 ΔP 的方差为

$$\sigma_P^2 = \sigma_x^2 + \sigma_y^2 \qquad (8.3)$$

式中：σ_x^2、σ_y^2 也称为 P 点在纵、横坐标轴 x、y 方向上的方差，而 σ_P^2 则为点 P 的点位方差。

如果将图 8.1 中的坐标系旋转某一角度，即以 $x'oy'$ 为坐标系，如图 8.2 所示，则可以看出 ΔP 的大小将不受坐标轴的变动而发生变化，此时 $\Delta P^2 = \Delta x'^2 + \Delta y'^2$，同样可得

$$\sigma_P^2 = \sigma_{x'}^2 + \sigma_{y'}^2 \qquad (8.4)$$

由式（8.3）、式（8.4）可见，尽管点位真误差 ΔP 在不同坐标系的两个坐标轴上的投影长度不等，但点位方差 σ_P^2 总是等于两个相互垂直的方向上的坐标方差之和，即它与

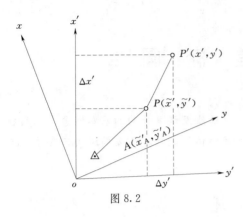

图 8.2

坐标系的选择无关。

同理，如图 8.1，若将点 P 的真位差 ΔP 投影于 AP 的方向和垂直于 AP 的方向上，则得 Δs 和 Δu，Δs、Δu 分别称为点 P 的纵向误差和横向误差，此时有

$$\Delta P^2 = \Delta s^2 + \Delta u^2 \tag{8.5}$$

仿式（8.3），可写出

$$\sigma_P^2 = \sigma_s^2 + \sigma_u^2 \tag{8.6}$$

式中：σ_s、σ_u 分别为 P 点在 AP 边的纵向、横向上的中误差。

上式说明了点位方差与纵向、横向方差之间的关系，这种关系在测量工作中经常要用到。

8.2 点 位 误 差

8.2.1 点位方差的计算

根据定权的基本公式，待定点纵、横坐标的方差为

$$\sigma_x^2 = \sigma_0^2 \frac{1}{p_x} = \sigma_0^2 Q_{xx} \qquad \sigma_y^2 = \sigma_0^2 \frac{1}{p_y} = \sigma_0^2 Q_{yy} \tag{8.7}$$

将上式代入式（8.3），得

$$\sigma_P^2 = \sigma_x^2 + \sigma_y^2 = \sigma_0^2 (Q_{xx} + Q_{yy}) \tag{8.8}$$

可见，只要计算出 Q_{xx}、Q_{yy} 及单位权方差 σ_0^2，就可计算出 σ_P^2。

关于 Q_{xx}、Q_{yy} 的计算问题，以间接平差法为例说明。当以三角网中待定点的坐标作为参数，按间接平差法平差时，法方程系数阵的逆阵就是参数的协因数阵 $Q_{\hat{X}\hat{X}}$。

当平差问题中只有一个待定点时，参数的协因数阵为

$$Q_{\hat{X}\hat{X}} = (B^{\mathrm{T}}PB)^{-1} = \begin{bmatrix} Q_{xx} & Q_{xy} \\ Q_{yx} & Q_{yy} \end{bmatrix} \tag{8.9}$$

其中，主对角线的元素 Q_{xx}、Q_{yy} 就是待定点坐标平差值 $\hat{x}$、$\hat{y}$ 的权倒数，而 Q_{xy}、Q_{yx} 则是它们相关的权倒数。

当平差问题中有多个待定点，例如 s 个待定点时，参数的协因数阵为

$$\underset{2s2s}{Q_{\hat{X}\hat{X}}} = (B^{\mathrm{T}}PB)^{-1} = \begin{bmatrix} Q_{x_1x_1} & Q_{x_1y_1} & \cdots & Q_{x_1x_i} & Q_{x_1y_i} & \cdots & Q_{x_1x_s} & Q_{x_1y_s} \\ Q_{y_1x_1} & Q_{y_1y_1} & \cdots & Q_{y_1x_i} & Q_{y_1y_i} & \cdots & Q_{y_1x_s} & Q_{y_1y_s} \\ \vdots & \vdots & \vdots & \vdots & \vdots & \vdots & \vdots & \vdots \\ Q_{x_sx_1} & Q_{x_sy_1} & \cdots & Q_{x_dx_i} & Q_{x_sy_i} & \cdots & Q_{x_sx_s} & Q_{x_sy_s} \\ Q_{y_sx_1} & Q_{y_sy_1} & \cdots & Q_{y_sx_i} & Q_{y_sy_i} & \cdots & Q_{y_sx_s} & Q_{y_sy_s} \end{bmatrix} \tag{8.10}$$

其中，待定点纵、横坐标的权倒数仍为相应的主对角线的元素，而相关权倒数则在相应权倒数边线的两侧。

8.2.2 任意方向上的位差

平差时，通常只是求出待定点纵、横坐标的中误差或点位中误差。点位中误差虽然可以用来评定待定点的点位精度，但是它却不能代表该点在某一任意方向上的位差大小。而实际工作中，常需要研究点位在哪一个方向上的位差最大，在哪一个方向上的位差最小，例如在工程放样工作中，就经常需要关心某一特定方向上的位差问题。

1. 用方位角表示任意方向的位差

如图 8.3 所示，P 为待定点的真位置，P' 为经过平差所得到的点位，为了求定 P 点在某一方向 φ 上的位差，需先建立待定点 P 在 φ 方向上的真误差 $\Delta\varphi$ 与纵、横坐标的真误差 Δx、Δy 间的函数关系式，然后求出该方向的位差。

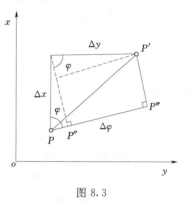

图 8.3

设 P 点点位真误差 PP' 在 φ 方向上的投影值为 PP'''（用 $\Delta\varphi$ 表示），则 $\Delta\varphi$ 与 Δx、Δy 间的关系为

$$\Delta\varphi = \overline{PP'''} = \overline{PP''} + \overline{P'P'''}$$
$$= \cos\varphi\Delta x + \sin\varphi\Delta y \qquad (8.11)$$

根据协因数传播律，得 φ 方向的协因数为

$$Q_{\varphi\varphi} = Q_{xx}\cos^2\varphi + Q_{yy}\sin^2\varphi + Q_{xy}\sin2\varphi \qquad (8.12)$$

而待定点 P 在 φ 方向上的位差为

$$\sigma_\varphi^2 = \sigma_0^2 Q_{\varphi\varphi} = \sigma_0^2(Q_{xx}\cos^2\varphi + Q_{yy}\sin^2\varphi + Q_{xy}\sin2\varphi) \qquad (8.13)$$

对于某一平差问题来说，当观测量一定后，单位权方差及点位纵、横坐标平差值的协因数就为常量，因此，σ_φ^2 的大小与 φ 有关。

对于与 φ 方向垂直方向（即 $\varphi+90°$ 方向）上的方差，可将 $\varphi+90°$ 代入式（8.13）得

$$\sigma_{\varphi+90°}^2 = \sigma_0^2[Q_{xx}\cos^2(\varphi+90°) + Q_{yy}\sin^2(\varphi+90°) + Q_{xy}\sin2(\varphi+90°)]$$
$$= \sigma_0^2(Q_{xx}\sin^2\varphi + Q_{yy}\cos^2\varphi - Q_{xy}\sin2\varphi) \qquad (8.14)$$

将式（8.13）、式（8.14）两式相加，有

$$\sigma_\varphi^2 + \sigma_{\varphi+90°}^2 = \sigma_0^2(Q_{xx} + Q_{yy}) = \sigma_P^2 \qquad (8.15)$$

式（8.15）又一次说明，任何一点的点位方差总是等于两个相互垂直方向上的方差分量之和。

2. 位差的极大值和极小值

由式（8.13）可知，σ_φ^2 的大小主要取决于 $Q_{\varphi\varphi}$，而 $Q_{\varphi\varphi}$ 是 φ 的函数。当 φ 取不同的数值时，就对应着不同的 $Q_{\varphi\varphi}$，即对应着不同的 σ_φ^2。显然，在众多方向的位差协因数中，必有一对协因数取得极大值和极小值。

设协因数极大值为 Q_{EE}，极小值为 Q_{FF}，而取得极值相应的方向分别设为 φ_E 和 φ_F，即在 φ_E 方向上的位差具有极大值，在 φ_F 方向上的位差具有极小值。可以证明，φ_E 和 φ_F 两方向之差为 $90°$。为求 Q_{EE} 和 Q_{FF}，可利用协因数阵 Q_{XX}，按线性代数中特征方程求特征根的方法得到

$$Q_{EE} = \frac{1}{2}(Q_{xx} + Q_{yy} + K)$$

$$Q_{FF} = \frac{1}{2}(Q_{xx} + Q_{yy} - K) \tag{8.16}$$

式中

$$K = \sqrt{(Q_{xx} - Q_{yy})^2 + 4Q_{xy}^2} \tag{8.17}$$

则位差的极大值、极小值分别为

$$E^2 = \sigma_0^2 Q_{EE} = \frac{1}{2}\sigma_0^2 (Q_{xx} + Q_{yy} + K) \tag{8.18}$$

$$F^2 = \sigma_0^2 Q_{FF} = \frac{1}{2}\sigma_0^2 (Q_{xx} + Q_{yy} - K) \tag{8.19}$$

或

$$E = \sigma_0 \sqrt{Q_{EE}} \tag{8.20}$$

$$F = \sigma_0 \sqrt{Q_{FF}} \tag{8.21}$$

因为两个极值方向相互垂直，因此将式（8.18）、式（8.19）两式求和，可得

$$E^2 + F^2 = \sigma_0^2 (Q_{EE} + Q_{FF}) = \sigma_0^2 (Q_{xx} + Q_{yy}) = \sigma_P^2 \tag{8.22}$$

而极大值方向 φ_E 和极小值方向 φ_F 的计算式为

$$\tan\varphi_E = \frac{Q_{EE} - Q_{xx}}{Q_{xy}} = \frac{Q_{xy}}{Q_{EE} - Q_{yy}} \tag{8.23}$$

$$\tan\varphi_F = \frac{Q_{FF} - Q_{xx}}{Q_{xy}} = \frac{Q_{xy}}{Q_{FF} - Q_{yy}} \tag{8.24}$$

【例 8.1】 已知某平面控制网中待定点 P 的协因数阵为

$$Q_{XX} = \begin{bmatrix} 1.236 & -0.314 \\ -0.314 & 1.192 \end{bmatrix}$$

求得单位权中误差 $\hat{\sigma}_0 = 1$，试求 E、F 和 φ_E、φ_F。

解：根据计算式，有

$$K = \sqrt{(Q_{xx} - Q_{yy})^2 + 4Q_{xy}^2} = 0.6295$$

$$Q_{EE} = \frac{1}{2}(Q_{xx} + Q_{xy} + K) = 1.528$$

$$Q_{FF} = \frac{1}{2}(Q_{xx} + Q_{xy} - K) = 0.899$$

$$E = \hat{\sigma}_0 \sqrt{Q_{EE}} = 1.24$$

$$F = \hat{\sigma}_0 \sqrt{Q_{FF}} = 0.95$$

$$\tan\varphi_E = \frac{Q_{EE} - Q_{xx}}{Q_{xy}} = -0.932$$

$$\varphi_E = 137° \text{ 或 } \varphi_E = 317°$$

$$\tan\varphi_F = \frac{Q_{FF} - Q_{xx}}{Q_{xy}} = 1.073$$

$$\varphi_F = 47° \text{ 或 } \varphi_F = 227°$$

3. 用极值表示任意方向上的位差

在由式（8.13）计算任意方向 φ 上的位差时，φ 是从纵坐标 x 轴顺时针方向起算转到

某方向的方位角。现推导出用极值 E、F 表示并以 E 轴（即方向 φ_E 轴）为起始方向的任意方向上的位差，这个任意方向用 ψ 表示，如图 8.4 所示。

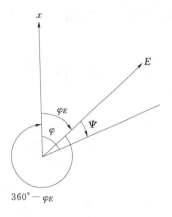

图 8.4

若以 E 轴为坐标轴，计算任意方向 ψ 的位差，必须先找出误差 $\Delta\psi$ 与 ΔE、ΔF 之间的关系式，再利用协因数传播律进行计算。仿照推求 $Q_{\varphi\varphi}$ 的方法，有

$$\Delta\psi = \cos\psi\Delta E + \sin\psi\Delta F \tag{8.25}$$

利用协因数传播律求 $Q_{\psi\psi}$，得

$$Q_{\psi\psi} = Q_{EE}\cos^2\psi + Q_{FF}\sin^2\psi + Q_{EF}\sin2\psi \tag{8.26}$$

式中，Q_{EF} 为两个极值方向位差的互协因数，可以证明其值 $Q_{EF}=0$，亦即在 E、F 方向上的平差后坐标是不相关的。因此，$Q_{\psi\psi}$ 的协因数可写为

$$Q_{\psi\psi} = Q_{EE}\cos^2\psi + Q_{FF}\sin^2\psi \tag{8.27}$$

则以极值 E、F 表示任意方向 ψ 上的位差计算式为

$$\sigma_\psi^2 = \sigma_0^2 Q_{\psi\psi} = \sigma_0^2(Q_{EE}\cos^2\psi + Q_{FF}\sin^2\psi) \tag{8.28}$$

即

$$\sigma_\psi^2 = E^2\cos^2\psi + F^2\sin^2\psi \tag{8.29}$$

【例 8.2】 在［例 8.1］中，试计算当 $\psi=13°$ 时的位差。

解：由［例 8.1］计算可知，$E^2=1.528$，$F^2=0.899$，则

$$\sigma_\psi^2 = 1.528\cos^2 13° + 0.899\sin^2 13° = 1.496$$

即

$$\sigma_\psi = 1.22$$

8.3 误差曲线与误差椭圆

8.3.1 误差曲线

以待定点 P 为极点，ψ 为极角，σ_ψ 为极径，将 P 点所有方向上的位差在图上表示出来，形成一条轨迹曲线，这条曲线称为点位误差曲线（也称点位精度曲线）。如图 8.5，就是一条误差曲线，图中 OP 的长度就是 O 点在 OP 方向上的位差。同时可以看出，误差曲线是关于两个极轴（E 轴和 F 轴）对称的。

点位误差曲线在工程测量中有着广泛的应用，当控制网略图和待定点的误差曲线给出后，可根据误差曲线图得到坐标平差值在任一方向的位差大小。

如图 8.6 为某控制网中 P 点的点位误差曲线，A、B、C 为已知点。由图可知，$\sigma_{x_P}=\overline{Pa}$，$\sigma_{y_P}=\overline{Pb}$，$\sigma_{\varphi_E}=\overline{Pc}=E$，$\sigma_{\varphi_F}=\overline{Pd}=F$。如要确定 PB 边长的中误差，则可直接量取 $\overline{Pe}$，即

$$\sigma_{S_{PB}} = \overline{Pe} \tag{8.30}$$

如要确定 PA 方向方位角的中误差，可先由图中量出垂直于 PA 方向上的位差 $\overline{Pg}$，

这是 $\overline{PA}$ 边的横向误差 σ_u，而 PA 方向方位角中误差为

$$\sigma''_{\alpha_{PA}} = \rho'' \frac{\sigma_u}{S_{PA}} = \rho'' \frac{\overline{Pg}}{S_{PA}} \tag{8.31}$$

式中：S_{PA} 为 PA 边的长度。

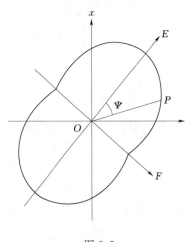

图 8.5

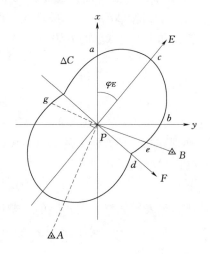

图 8.6

8.3.2 误差椭圆

误差曲线，虽然能准确地反映点位在任一方向的位差大小，但存在作图不太方便的问

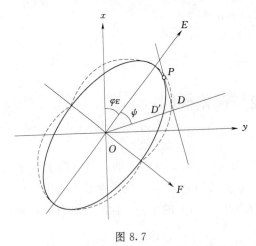

图 8.7

题，因此降低了它的实用价值。为此，可用形状与误差曲线相似，以 E、F 为长、短半轴的椭圆来代替它（如图 8.7 所示）。

该椭圆称为点位误差椭圆，而 φ_E、E、F 称为点位误差椭圆的元素（参数）。误差椭圆的长、短半轴与误差曲线的两个极值方向完全重合，其他各处两者差距也甚微，且在点位误差椭圆上，可以图解出任意方向 ψ 的位差 σ_ψ。其方法是：要求 ψ 方向（即 OD 方向）的位差，可自椭圆作 ψ 方向的正交切线 PD，P 为椭圆上的切点，D 为切线在 OD 方向上的垂点，可以证明 $\sigma_\psi = \overline{OD}$。

需要指出的是，在以上的讨论中，都是以一个待定点为例，说明了如何确定该点点位误差曲线或点位误差椭圆的问题。如果网中有多个待定点，也可以利用上述相同的方法，为每一个待定点确定一个点位误差曲线或点位误差椭圆。如对第 i 点来说，当平差计算后求出 $Q_{x_i x_i}$，$Q_{y_i y_i}$ 和 $Q_{x_i y_i}$，即可计算点位误差椭圆元素 φ_{E_i}、E_i、F_i，然后再作出点位误差椭圆。

另外还要指出，利用点位误差曲线，可以确定已知点与任一待定点之间的边长中误差或方位角中误差，但不能确定网中待定点与待定点之间的边长中误差或方位角中误差，这是因为这些待定点的坐标是相关的。

8.4 相对误差椭圆

为了确定平面控制网中任意两个待定点之间相对位置的精度，应该作出两个待定点之间的相对误差椭圆。

设控制网中有两个待定点为 P_i 及 P_k，这两点的相对位置可通过其坐标差来表示，即

$$\left.\begin{array}{l}\Delta x_{ik} = x_k - x_i \\ \Delta y_{ik} = y_k - y_i\end{array}\right\} \tag{8.32}$$

根据协因数传播律，可得

$$\left.\begin{array}{l}Q_{\Delta x\Delta x} = Q_{x_k x_k} + Q_{x_i x_i} - 2Q_{x_k x_i} \\ Q_{\Delta y\Delta y} = Q_{y_k y_k} + Q_{y_i y_i} - 2Q_{y_k y_i} \\ Q_{\Delta x\Delta y} = Q_{x_k y_k} - Q_{x_k y_i} - Q_{x_i y_k} + Q_{x_i y_i}\end{array}\right\} \tag{8.33}$$

由上式可以看出，如果 P_i 和 P_k 两点中有一个点为不带误差的已知点（例如 P_i 点），则有

$$Q_{\Delta x\Delta x} = Q_{x_k x_k}, \quad Q_{\Delta y\Delta y} = Q_{y_k y_k}, \quad Q_{\Delta x\Delta y} = Q_{x_k y_k}$$

这样，两点坐标差的协因数就等于待定点坐标的协因数，而这时作出的点位误差曲线或点位误差椭圆就是待定点相对于已知点的。

利用式（8.33）算出的协因数，可以计算 P_i 和 P_k 点间相对误差椭圆的三个参数

$$\left.\begin{array}{l}E_{ik}^2 = \dfrac{1}{2}\sigma_0^2\left[Q_{\Delta x\Delta x} + Q_{\Delta y\Delta y} + \sqrt{(Q_{\Delta x\Delta x} - Q_{\Delta y\Delta y})^2 + 4Q_{\Delta x\Delta y}^2}\right] \\[2mm] F_{ik}^2 = \dfrac{1}{2}\sigma_0^2\left[Q_{\Delta x\Delta x} + Q_{\Delta y\Delta y} - \sqrt{(Q_{\Delta x\Delta x} - Q_{\Delta y\Delta y})^2 + 4Q_{\Delta x\Delta y}^2}\right] \\[2mm] \tan\varphi_{E_{ik}} = \dfrac{Q_{EE} - Q_{\Delta x\Delta x}}{Q_{\Delta x\Delta y}} = \dfrac{Q_{\Delta x\Delta y}}{Q_{EE} - Q_{\Delta x\Delta y}}\end{array}\right\} \tag{8.34}$$

相对误差椭圆的绘制方法，与点位误差椭圆的绘制方法类似。主要不同在于：点位误差椭圆一般是以待定点中心为极点绘制，而相对误差椭圆则以两个待定点连线的中心为极点绘制。

【例 8.3】 如图 8.8 所示，在测边网中，设待定点 P_1、P_2 两点的坐标为未知参数，采用间接平差法，算得平差参数的协因数阵为

$$Q_{XX} = N_{BB}^{-1} = \begin{bmatrix} 0.2677 & 0.1267 & -0.0561 & 0.0806 \\ 0.1267 & 0.7569 & -0.0684 & 0.1626 \\ -0.0561 & -0.0684 & 0.4914 & 0.2106 \\ 0.0806 & 0.1626 & 0.2106 & 0.8624 \end{bmatrix}$$

同时平差后，计算得单位权中误差为 $\hat{\sigma}_0^2 = 4.5\text{cm}^2$。试求 P_1、P_2 两点的误差椭圆及相对误差椭圆参数。

解：（1）计算 P_1 点点位误差椭圆的三个参数。

$$E_1^2 = \frac{1}{2}\hat{\sigma}_0^2\left[Q_{x_1 x_1} + Q_{y_1 y_1} + \sqrt{(Q_{x_1 x_1} - Q_{y_1 y_1})^2 + 4Q_{x_1 y_1}^2}\right] = 3.5449$$

$$F_1^2 = \frac{1}{2}\hat{\sigma}_0^2\left[Q_{x_1 x_1} + Q_{y_1 y_1} - \sqrt{(Q_{x_1 x_1} - Q_{y_1 y_1})^2 + 4Q_{x_1 y_1}^2}\right] = 1.0658$$

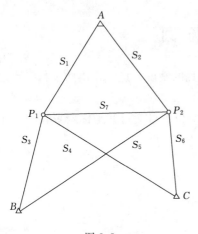

图 8.8

即

$$E_1 = 1.9\text{cm}, \ F_1 = 1.0\text{cm}$$

$$Q_{E_1E_1} = \frac{1}{2}\left[Q_{x_1x_1} + Q_{y_1y_1} + \sqrt{(Q_{x_1x_1} - Q_{y_1y_1})^2 + 4Q_{x_1y_1}^2}\right]$$

$$= 0.7878$$

$$\tan\varphi_{E_1} = \frac{Q_{E_1E_1} - Q_{x_1x_1}}{Q_{x_1y_1}} = 4.10$$

则

$$\varphi_{E_1} = 76°18' \quad 或 \quad \varphi_{E_1} = 256°18'$$

（2）计算 P_2 点点位误差椭圆的三个参数。

通过计算，有

$$E_2 = 2.1\text{cm}, \ F_2 = 1.3\text{cm}$$

$$\varphi_{F_1} = 65°41' \quad 或 \quad \varphi_{E_2} = 245°41'$$

（3）计算 P_1 点与 P_2 点间相对点位误差椭圆的三个参数。

两待定点坐标差的协因数为：

$$\left.\begin{array}{l}
Q_{\Delta x\Delta x} = Q_{x_1x_1} + Q_{x_2x_2} - 2Q_{x_1x_2} = 0.8713 \\
Q_{\Delta y\Delta y} = Q_{y_1y_1} + Q_{y_2y_2} - 2Q_{y_1y_2} = 1.2941 \\
Q_{\Delta x\Delta y} = Q_{x_1y_1} - Q_{x_1y_2} - Q_{x_2y_1} + Q_{x_2y_2} = 0.3251
\end{array}\right\}$$

相对点位误差椭圆的长、短半轴分别为：

$$E_{12} = 2.6\text{cm}, \ F_{12} = 1.8\text{cm}$$

而相对误差椭圆的 E 轴方向为：

$$\varphi_{E_{12}} = 61°31' \quad 或 \quad \varphi_{E_{12}} = 241°31'$$

根据以上数据即可绘制 P_1、P_2 点的点位误差椭圆以及 P_1、P_2 点间的相对误差椭圆。在绘误差椭圆前，先按一定的比例尺绘制控制网略图，然后再按求出的椭圆参数，以一定的比例尺，分别以 P_1、P_2 点为极点绘制点位误差椭圆，以 P_1P_2 连线的中点 O 点为极点绘制两点间的相对误差椭圆，如图 8.9 所示。

在测量工作中，特别在精度要求较高的工程测量中，还常常利用点位误差椭圆对布网方案进行精度分析。如前所述，在确定点位误差椭圆的三个元素 φ_E、E、F 时，除了需要知道单位权中误差 σ_0 外，还要知道各个协因数 Q_{ii} 的大小，而协因数阵 Q_{XX} 是间接平差的法方程式系数的逆阵。因此，当在适当的比例尺的地形图上设计了控制网的点位以后，并确定需要观测的边长量及角度量，就可以从图上量取各边边长和方位角的概略值，根据这些可

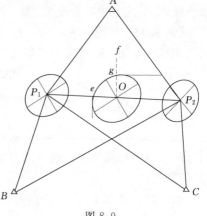

图 8.9

以算出误差方程的系数，而观测值的权则可根据需要事先加以确定，从而可以求出该网的协因数阵 Q_{XX}。同时，根据设计中所选定的观测仪器来确定单位权中误差 σ_0 的大小，最

后估算出 φ_E、E、F 等数值。如果估算的结果符合工程建设对控制网所提出的精度要求，则可认为该设计方案是可采用的，否则，可改变设计方案，重新估算，以达到预期的精度要求。甚至还可以根据不同设计方案的精度要求，同时考虑到各种因素，例如，建网的经费开支、施测工期的长短、布网的难易程度等，在满足精度要求的前提下，从中选择最优的布网方案。

习　　题

8.1　何谓点位真误差、点位误差？

8.2　简述点位误差曲线、点位误差椭圆？

8.3　简述绝对误差椭圆与相对误差椭圆的区别与联系。

8.4　设有一个待定点的三角网，用间接平差所算得的法方程式为

$$1.287\hat{x} + 0.411\hat{y} + 0.534 = 0$$
$$0.411\hat{x} + 1.768\hat{y} - 0.394 = 0$$

已知单位权中误差为 $\hat{\sigma}_0 = 1.0''$，$\hat{x}$，$\hat{y}$ 均以 dm 为单位，试求：

(1) 位差的极大值方向 φ_E 及极小值方向 φ_F。

(2) 位差的极大值 E 和极小值 F。

(3) 坐标中误差 σ_x、σ_y 及点位中误差 σ。

(4) $\varphi = 60°$ 时的位差 σ_φ 值。

(5) $\psi = 30°$ 方向上的位差 σ_ψ 值。

8.5　在某测边网中，设待定点 P_1 的坐标为未知参数，即 $\hat{X} = \begin{bmatrix} X_1 & Y_1 \end{bmatrix}^T$，平差后得到 $\hat{X}$ 的协因数阵为 $Q_{XX} = \begin{bmatrix} 0.25 & 0.15 \\ 0.15 & 0.75 \end{bmatrix}$，且单位权方差 $\hat{\sigma}_0^2 = 3.0\,cm^2$，试求：

(1) P_1 点纵、横坐标中误差和点位中误差。

(2) P_1 点点位误差椭圆三要素 φ_E、E、F。

(3) P_1 点在方位角为 $90°$ 方向上的位差。

8.6　已知某三角网经平差后求得待定点 P 点坐标的协因数阵为：

$$Q_{\hat{X}\hat{X}} = \begin{bmatrix} 2.10 & -0.25 \\ -0.25 & 1.60 \end{bmatrix} dm^2/('')^2$$

单位权方差为 $\hat{\sigma}_0 = 1.0\;('')^2$，试求：

(1) P 点的误差椭圆参数。

(2) 绘制点位误差椭圆。

(3) 从点位误差椭圆上量取 $\varphi = 60°$ 方向的位差。

8.7　某平面控制网经平差后求得 P_1、P_2 两待定点间坐标差的协因数阵为：

$$\begin{bmatrix} Q_{\Delta\hat{X}\Delta\hat{X}} & Q_{\Delta\hat{X}\Delta\hat{Y}} \\ Q_{\Delta\hat{Y}\Delta\hat{X}} & Q_{\Delta\hat{Y}\Delta\hat{Y}} \end{bmatrix} = \begin{bmatrix} 3 & -2 \\ -2 & 3 \end{bmatrix} cm^2/('')^2$$

单位权中误差为 $\hat{\sigma}_0 = 1''$，试求两点间相对误差椭圆的三个参数。

8.8　如何在 P 点的误差椭圆图上，图解出 P 点在任意方向 ψ 上的位差 σ_ψ？

第9章 近代平差概论

学习目标：通过本章学习，了解序贯平差、附有系统参数的平差、秩亏自由网平差、最小二乘配置等方法的基本原理。

9.1 序 贯 平 差

序贯平差，也叫逐次相关间接平差，是将观测值分成两组或多组，按组的顺序分别进行相关间接平差，从而获得与控制网全部观测值一起整体平差同样的结果。实际工作中，常遇到控制网要进行改扩建或分期布网、观测值也不是同期观测的情况，此时，平差计算工作可以分期进行。本节的理论公式推导，以分两组为例。

9.1.1 序贯平差原理

设某平差问题，观测向量为 $\mathop{L}\limits_{n1}$，现把它分为 $\mathop{L_1}\limits_{n_1 1}$、$\mathop{L}\limits_{n_2 1}$ 两组，组内观测值可能是相关的，组间观测值互不相关，即

$$\mathop{L}\limits_{n1} = \begin{bmatrix} \mathop{L}\limits_{n_1 1} \\ \mathop{L}\limits_{n_2 1} \end{bmatrix} \qquad \mathop{P}\limits_{nn} = \begin{bmatrix} \mathop{P_1}\limits_{n_1 1} & 0 \\ 0 & \mathop{P_2}\limits_{n_2 1} \end{bmatrix} = \begin{bmatrix} Q_{11}^{-1} & 0 \\ 0 & Q_{22}^{-1} \end{bmatrix}$$

要求：$n = n_1 + n_2$，且 $n_1 > t$，t 为必要观测数。

按间接平差原理选取参数 $\mathop{\hat{X}}\limits_{t1}$，取近似值 $\mathop{X^0}\limits_{t1}$，改正数为 $\mathop{\hat{x}}\limits_{t1}$，分组后，两组的误差方程分别为

$$V_1 = B_1 \hat{x} - l_1 \qquad \text{权阵为 } P_1 \qquad (9.1a)$$
$$V_2 = B_2 \hat{x} - l_2 \qquad \text{权阵为 } P_2 \qquad (9.1b)$$

式中

$$l_i = L_i - L_i^0$$

若按整体平差，误差方程可以写为

$$\begin{bmatrix} V_1 \\ V_2 \end{bmatrix} = \begin{bmatrix} B_1 \\ B_2 \end{bmatrix} \hat{x} - \begin{bmatrix} l_1 \\ l_2 \end{bmatrix} \qquad \text{权阵为 } P = \begin{bmatrix} P_1 & 0 \\ 0 & P_2 \end{bmatrix}$$

按间接平差原理，可得其法方程为

$$\begin{bmatrix} B_1 \\ B_2 \end{bmatrix}^T \begin{bmatrix} P_1 & 0 \\ 0 & P_2 \end{bmatrix} \begin{bmatrix} B_1 \\ B_2 \end{bmatrix} \hat{x} - \begin{bmatrix} B_1 \\ B_2 \end{bmatrix}^T \begin{bmatrix} P_1 & 0 \\ 0 & P_2 \end{bmatrix} \begin{bmatrix} l_1 \\ l_2 \end{bmatrix} = 0$$

即

$$(B_1^T P_1 B_1 + B_2^T P_2 B_2) \hat{x} - (B_1^T P_1 l_1 + B_2^T P_2 l_2) = 0$$

由上式可得

$$\hat{x} = (B_1^T P_1 B_1 + B_2^T P_2 B_2)^{-1}(B_1^T P_1 l_1 + B_2^T P_2 l_2) \qquad (9.2)$$

若按分组平差，先对第一组误差方程进行第一次平差（因未顾及第二组观测值 L_2，所以第一次平差只能得到 $\hat{x}$ 的第一次近似值，用 $\hat{x}'$ 表示）。函数模型可改写为

$$V'_1 = B_1\hat{x}' - l_1 \qquad \text{权阵为 } P_1 \tag{9.3}$$

按间接平差原理，可以直接给出公式，其法方程为

$$B_1^{\mathrm{T}} P_1 B_1 \hat{x}' - B_1^{\mathrm{T}} P_1 l_1 = 0 \tag{9.4}$$

未知参数的第一次改正数为

$$\hat{x}' = (B_1^{\mathrm{T}} P_1 B_1)^{-1} B_1^{\mathrm{T}} P_1 l_1 \tag{9.5}$$

未知参数的第一次平差值为

$$\hat{X}' = X^0 + \hat{x}' \tag{9.6}$$

第一次平差后未知参数 $\hat{X}'$ 的权阵为

$$P_{\hat{X}'} = Q_{\hat{X}'\hat{X}'}^{-1} = B_1^{\mathrm{T}} P_1 B_1 \tag{9.7}$$

将 $\hat{x}'$ 代入式（9.3），得观测值 L_1 的第一次改正数 V'_1，而 $V'_2 = 0$。

再单独对第二组误差方程作第二次平差，此时，应把第一次平差后求得的参数 $\hat{X}' = X^0 + \hat{x}'$ 作为虚拟观测值参与平差，其权阵为 $P_{\hat{X}'} = Q_{\hat{X}'\hat{X}'}^{-1} = B_1^{\mathrm{T}} P_1 B_1$。误差方程为

$$V_{\hat{X}'} = \hat{X} - \hat{X}' = (X^0 + \hat{x}) - (X^0 + \hat{x}') = \hat{x} - \hat{x}' = \hat{x}'' \tag{9.8}$$

由式（9.8）知 $\hat{x} = \hat{x}' + \hat{x}''$，其中 $\hat{x}''$ 称为参数的第二次改正数。根据第二组误差方程，有

$$V_2 = B_2\hat{x} + l_2 = B_2(\hat{x}' + \hat{x}'') - l_2 = B_2\hat{x}'' - \bar{l}_2 \tag{9.9}$$

式中

$$\bar{l}_2 = -(B_2\hat{x}' - l_2) \quad \text{或} \quad \bar{l}_2 = -(B_2\hat{X}' + d_2 - L_2)$$

由式（9.8）、式（9.9）联合组成法方程为

$$\begin{bmatrix} I \\ B_2 \end{bmatrix}^{\mathrm{T}} \begin{bmatrix} P_{\hat{X}'} & 0 \\ 0 & P_2 \end{bmatrix} \begin{bmatrix} I \\ B_2 \end{bmatrix} \hat{x}'' - \begin{bmatrix} I \\ B_2 \end{bmatrix}^{\mathrm{T}} \begin{bmatrix} P_{\hat{X}'} & 0 \\ 0 & P_2 \end{bmatrix} \begin{bmatrix} 0 \\ \bar{l}_2 \end{bmatrix} = 0$$

即

$$(P_{\hat{X}'} + B_2^{\mathrm{T}} P_2 B_2)\hat{x}'' - B_2^{\mathrm{T}} P_2 \bar{l}_2 = 0 \tag{9.10}$$

由式（9.10）可得参数的第二次改正数为

$$\hat{x}'' = (P_{\hat{X}'} + B_2^{\mathrm{T}} P_2 B_2)^{-1} B_2^{\mathrm{T}} P_2 \bar{l}_2 \tag{9.11}$$

将式（9.11）代入式（9.9），即可求得第二组观测值的整体改正数。那么第一组观测值的第二次改正数如何求呢？可以用 $(V'_1 + V''_1)$ 和 $(\hat{x}' + \hat{x}'')$ 分别代替式（9.1a）中的 V_1 和 $\hat{x}$，有

$$(V'_1 + V''_1) = B_1(\hat{x}' + \hat{x}'') - l_1$$

因为经过第一次平差后，已使 $V'_1 = B_1\hat{x}' - l_1$ 成立，所以有

$$V''_1 = B_1\hat{x}'' \tag{9.12}$$

最后的平差值为

$$\hat{L}_1 = L_1 + V'_1 + V''_1 = L'_1 + V''_1 \tag{9.13}$$

$$\hat{L}_2 = L_2 + V_2 \tag{9.14}$$

$$\hat{X} = X^0 + \hat{x}' + \hat{x}'' = \hat{X}' + \hat{x}'' \tag{9.15}$$

9.1.2 单位权中误差估值的计算

单位权中误差的估值为

$$\hat{\sigma}_0 = \sqrt{\frac{V^{\mathrm{T}}PV}{n-t}} \tag{9.16}$$

其中，$V^{\mathrm{T}}PV$ 可由观测值的权和改正数进行计算，也可由下式进行计算，即

$$V^{\mathrm{T}}PV = V_1'^{\mathrm{T}}P_1V_1' + V_2^{\mathrm{T}}P_2V_2 + \hat{x}''^{\mathrm{T}}P_{\hat{X}'}\hat{x}'' \tag{9.17}$$

现推证如下：

$$V^{\mathrm{T}}PV = \begin{bmatrix} V_1^{\mathrm{T}} & V_2^{\mathrm{T}} \end{bmatrix} \begin{bmatrix} P_1 & 0 \\ 0 & P_2 \end{bmatrix} \begin{bmatrix} V_1 \\ V_2 \end{bmatrix}$$

即

$$V^{\mathrm{T}}PV = V_1^{\mathrm{T}}P_1V_1 + V_2^{\mathrm{T}}P_2V_2$$

而

$$V_1 = B_1(\hat{x}' + \hat{x}'') - l_1 = V_1' + B_1\hat{x}''$$

所以

$$\begin{aligned} V_1^{\mathrm{T}}P_1V_1 &= (V_1' + B_1\hat{x}'')^{\mathrm{T}}P_1(V_1' + B_1\hat{x}'') \\ &= V_1'^{\mathrm{T}}P_1V_1' + 2V_1'^{\mathrm{T}}P_1B_1\hat{x}'' + \hat{x}''^{\mathrm{T}}(B_1^{\mathrm{T}}P_1B_1)\hat{x}'' \end{aligned}$$

但是

$$V_1'^{\mathrm{T}}P_1B_1\hat{x}'' = (B_1\hat{x}' + l_1)^{\mathrm{T}}P_1B_1\hat{x}'' = \hat{x}''^{\mathrm{T}}(B_1^{\mathrm{T}}P_1B_1\hat{x}' + B_1^{\mathrm{T}}P_1l_1) = 0$$

并顾及 $P_{\hat{X}'} = Q_{\hat{X}'\hat{X}'}^{-1} = B_1^{\mathrm{T}}P_1B_1$，则有

$$V^{\mathrm{T}}PV = V_1'^{\mathrm{T}}P_1V_1' + V_2^{\mathrm{T}}P_2V_2 + \hat{x}''^{\mathrm{T}}P_{\hat{X}'}\hat{x}''$$

而未知参数的协因数阵为

$$Q_{\hat{X}\hat{X}} = (P_{\hat{X}'} + B_2^{\mathrm{T}}P_2B_2)^{-1} \tag{9.18}$$

设有未知参数函数的权函数式为

$$\mathrm{d}\hat{\varphi} = F^{\mathrm{T}}\hat{x}$$

则未知参数函数的协因数为

$$Q_{\hat{\varphi}\hat{\varphi}} = F^{\mathrm{T}}Q_{\hat{X}\hat{X}}F = F^{\mathrm{T}}(P_{\hat{X}'} + B_2^{\mathrm{T}}P_2B_2)^{-1}F \tag{9.19}$$

未知参数函数的中误差为

$$\hat{\sigma}_{\hat{\varphi}} = \hat{\sigma}_0 \sqrt{Q_{\hat{\varphi}\hat{\varphi}}} \tag{9.20}$$

【例 9.1】　如图 9.1 所示水准网，A、B 为已知点，$H_A = 86.293\mathrm{m}$，$H_B = 105.274\mathrm{m}$，第一期同精度独立观测 h_1，h_2，h_3，第二期同精度独立观测 h_4，h_5，观测值分别为：$h_1 = 12.927\mathrm{m}$，$h_2 = 6.050\mathrm{m}$，$h_3 = -5.827\mathrm{m}$，$h_4 = 7.083\mathrm{m}$、$h_5 = 11.886\mathrm{m}$，试按逐次间接平差法求 C、D 两点高程的平差值及 C 点平差高程的中误差。

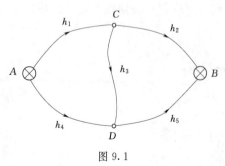

图 9.1

解：本题中 $n = 5$，$t = 2$，选 C、D 两点高程平差值为未知参数 $\hat{X}_1$、$\hat{X}_2$，并取其近似值为

$$X_1^0 = H_A + h_1 = 99.220\mathrm{m}$$

$$X_2^0 = H_A + h_4 = 93.376\mathrm{m}$$

（1）列立第一期观测误差方程为

$$v_1' = \hat{x}_1'$$
$$v_2' = -\hat{x}_2' + 4$$
$$v_3' = -\hat{x}_1' + \hat{x}_2' - 17$$

写成矩阵形式为

$$V_1' = \begin{bmatrix} 1 & 0 \\ 0 & -1 \\ -1 & 1 \end{bmatrix} \begin{bmatrix} \hat{x}_1' \\ \hat{x}_2' \end{bmatrix} - \begin{bmatrix} 0 \\ -4 \\ 17 \end{bmatrix}$$

观测值的权阵 $P = I$。

（2）组成法方程

$$\begin{bmatrix} 3 & -1 \\ -1 & 1 \end{bmatrix} \begin{bmatrix} \hat{x}_1' \\ \hat{x}_2' \end{bmatrix} - \begin{bmatrix} -13 \\ 17 \end{bmatrix} = 0$$

（3）解得参数的第一次改正数及其权阵

$$\hat{x}' = \begin{bmatrix} \hat{x}_1' \\ \hat{x}_2' \end{bmatrix} = \begin{bmatrix} 2 \\ 19 \end{bmatrix} \text{mm}$$

$$\hat{X}' = X^0 + \hat{x}' = \begin{bmatrix} 99.222 \\ 93.395 \end{bmatrix} \text{m}$$

$$P_{\hat{X}'} = \begin{bmatrix} 3 & -1 \\ -1 & 1 \end{bmatrix}$$

（4）求第一期观测值的第一次改正数

$$V_1' = \begin{bmatrix} v_1' \\ v_2' \\ v_3' \end{bmatrix} = B_1 \hat{x}' - l_1 = \begin{bmatrix} 2 \\ 2 \\ 0 \end{bmatrix} \text{mm}$$

（5）列立第二期观测误差方程，可用第一期平差后的参数平差值直接列立，此时误差方程常数项就是 $\bar{l}_2 = L_2 - (B_2 \hat{X}' + d_2)$，即有

$$v_4 = \hat{x}_2'' + 19$$
$$v_5 = -\hat{x}_2'' - 7$$

写成矩阵形式为

$$\begin{bmatrix} v_4 \\ v_5 \end{bmatrix} = \begin{bmatrix} 0 & 1 \\ 0 & -1 \end{bmatrix} \begin{bmatrix} \hat{x}_1'' \\ \hat{x}_2'' \end{bmatrix} - \begin{bmatrix} -19 \\ 7 \end{bmatrix}$$

（6）顾及第一次平差结果，组成法方程

$$\begin{bmatrix} 3 & -1 \\ -1 & 3 \end{bmatrix} \begin{bmatrix} \hat{x}_1'' \\ \hat{x}_2'' \end{bmatrix} - \begin{bmatrix} 0 \\ -26 \end{bmatrix} = 0$$

（7）求解参数的第二次改正数为

$$\begin{bmatrix} \hat{x}_1'' \\ \hat{x}_2'' \end{bmatrix} = \begin{bmatrix} -3.25 \\ -9.75 \end{bmatrix} \text{mm}$$

参数的平差值为

$$\hat{X} = X^0 + \hat{x}' + \hat{x}'' = \hat{X}' + \hat{x}'' = \begin{bmatrix} 99.219 \\ 93.385 \end{bmatrix} \text{m}$$

（8）计算第二期观测值的改正数

$$\begin{bmatrix} v_4 \\ v_5 \end{bmatrix} = \begin{bmatrix} 0 & 1 \\ 0 & -1 \end{bmatrix} \begin{bmatrix} \hat{x}''_1 \\ \hat{x}''_2 \end{bmatrix} - \begin{bmatrix} -19 \\ 7 \end{bmatrix} = \begin{bmatrix} 9.25 \\ 2.75 \end{bmatrix} \text{mm}$$

（9）计算单位权中误差

$$\begin{aligned} V^{\mathrm{T}} P V &= V'^{\mathrm{T}}_1 P_1 V'_1 + V^{\mathrm{T}}_2 P_2 V_2 + \hat{x}''^{\mathrm{T}} P_{\hat{X}'} \hat{x}'' \\ &= 4 + 93.125 + 63.375 \\ &= 160.5 \end{aligned}$$

$$\hat{\sigma}_0 = \sqrt{\frac{V^{\mathrm{T}} P V}{n - t}} = \sqrt{\frac{160.5}{3}} = 7.3 \text{mm}$$

（10）计算 C 点高程平差值中误差

$$Q_{\hat{X}\hat{X}} = (P_{\hat{X}'} + B_2^T P_2 B_2)^{-1} = \frac{1}{8} \begin{bmatrix} 3 & 1 \\ 1 & 3 \end{bmatrix}$$

$$\hat{\sigma}_{H_C} = \hat{\sigma}_{\hat{X}_1} = \hat{\sigma}_0 \sqrt{Q_{\hat{X}_1 \hat{X}_1}} = 4.5 \text{mm}$$

9.2　附加系统参数的平差

经典平差中，总是假设观测值中不含系统误差，但测量实践表明，尽管在观测过程中采用各种观测措施和预处理改正，仍会含有残余的系统误差。消除或减弱这种残余系统误差的影响，可以通过在经典平差模型中附加系统参数来对系统误差进行补偿，这种平差方法称为附加系统参数的平差法。

经典的间接平差的函数模型和随机模型为

$$L + \Delta = B \tilde{X} + d, \; E(\Delta) = 0 \tag{9.21}$$

$$D(L) = D(\Delta) = \sigma_0^2 Q = \sigma_0^2 P \tag{9.22}$$

当观测值中含有系统误差时，显然

$$E(\Delta) \neq 0$$

在这种情况下，需要对经典的间接平差的函数模型进行扩充。设观测误差 Δ_G 中包含有系统误差 Δ_S 和偶然误差 Δ，即

$$\Delta_G = \Delta_S + \Delta \tag{9.23}$$

假定系统误差是线性影响，可设 $\Delta_S = A \tilde{S}$，于是有

$$\Delta_G = A \tilde{S} + \Delta \tag{9.24}$$

式中，$\tilde{S}$ 为系统参数。

根据式（9.21），可得附加系统参数的平差法的函数模型为

$$L + \Delta = B \tilde{X} + A \tilde{S} + d \tag{9.25}$$

而以平差值表示的函数模型应为

$$L + V = B \hat{X} + A \hat{S} + d \tag{9.26}$$

令 $\hat{X} = X^0 + \hat{x}$，$l = L - (BX^0 + d)$，则误差方程为

$$V = B \hat{x} + A \hat{S} - l \tag{9.27}$$

其法方程为

$$\begin{bmatrix} B^T P B & B^T P A \\ A^T P B & A^T P A \end{bmatrix} \begin{bmatrix} \hat{x} \\ \hat{S} \end{bmatrix} - \begin{bmatrix} B^T P l \\ A^T P l \end{bmatrix} = 0 \tag{9.28}$$

令 $N_{11} = B^T P B$，$N_{12} = B^T P A = N_{21}^T$，$N_{22} = A^T P A$，则上式可简写为

$$\begin{bmatrix} N_{11} & N_{12} \\ N_{21} & N_{22} \end{bmatrix} \begin{bmatrix} \hat{x} \\ \hat{S} \end{bmatrix} - \begin{bmatrix} B^T P l \\ A^T P l \end{bmatrix} = 0$$

由分块矩阵求逆公式，得

$$\begin{bmatrix} \hat{x} \\ \hat{S} \end{bmatrix} = \begin{bmatrix} N_{11}^{-1} + N_{11}^{-1} N_{12} M^{-1} N_{21} N_{11}^{-1} & -N_{11}^{-1} N_{12} M^{-1} \\ -M^{-1} N_{21} N_{11}^{-1} & M^{-1} \end{bmatrix} \begin{bmatrix} B^T P l \\ A^T P l \end{bmatrix} \tag{9.29}$$

式中

$$M = N_{22} - N_{21} N_{11}^{-1} N_{12} \tag{9.30}$$

如果平差模型中不含有系统误差时，即 $\hat{S} = 0$，则有

$$\hat{x}_1 = (B^T P B)^{-1} B^T P l = N_{11}^{-1} B^T P l \tag{9.31}$$

考虑到此关系式，则由式（9.29），可得

$$\hat{x} = \hat{x}_1 - N_{11}^{-1} N_{12} M^{-1} (A^T P l - N_{21} \hat{x}_1) \tag{9.32}$$

$$\hat{S} = M^{-1} (A^T P l - N_{21} \hat{x}_1) \tag{9.33}$$

又根据式（9.29）知，有 $\hat{x}$ 和 $\hat{S}$ 的协因数阵分别为

$$Q_{XX} = N_{11}^{-1} + N_{11}^{-1} N_{12} M^{-1} N_{21} N_{11}^{-1} \tag{9.34}$$

$$Q_{SS} = M^{-1} \tag{9.35}$$

单位权中误差估值的计算式仍为

$$\hat{\sigma}_0 = \sqrt{\frac{V^T P V}{n - (t + m)}} \tag{9.36}$$

式中：m 为 $\hat{S}$ 的个数。

在附加系统参数的平差中，由于引入了系统参数，因此必然会影响到平差的结果。为了确保平差模型的正确性，一定要对是否引入系统参数进行认真的分析，必要时，可对列入项 $A\hat{S}$ 进行显著性检验。

9.3 秩亏自由网平差

9.3.1 概述

在经典平差中，都是以已知的起算数据为基础，将控制网固定在已知数据上。如水准网中必须至少已知某一点的高程才能解算，平面网中必须至少已知一点的坐标、一条边的边长和一条边的方位角才能解算。当控制网中没有必要的起算数据时，如按间接平差法进行计算，则误差方程式系数阵就不是列满秩的，相应的法方程系数阵即为奇异阵，这种控制网称为秩亏自由网。

在经典间接平差中，网中具备必要的起算数据，误差方程为

$$\underset{n1}{V} = \underset{nt}{B} \underset{t1}{\hat{x}} - \underset{n1}{l} \tag{9.37}$$

式中，系数阵 B 为列满秩矩阵，其秩为 $R(B) = t$。在最小二乘准则下得到的法方程为

$$\underset{tt}{N_{BB}} \underset{t1}{\hat{x}} - \underset{t1}{W} = 0 \tag{9.38}$$

由于其系数阵的秩 N_{BB} 为满秩矩阵，即为非奇异阵，存在逆矩阵 N_{BB}^{-1}，因此具有唯一解，即

$$\hat{x} = B_{BB}^{-1} W \tag{9.39}$$

当控制网中无起算数据或起算数据个数不够时，设未知参数的个数为 u，误差方程为

$$\underset{n1}{V} = \underset{nu}{B} \underset{u1}{\hat{x}} - \underset{n1}{l} \tag{9.40}$$

这里

$$u = t + d$$

式中：t 为经典平差中确定的必要观测个数；d 为缺少的必要起算数据的个数。

在式（9.40）中，B 的秩仍为必要观测个数，即

$$R(B) = t < u$$

上式说明，B 为不满秩矩阵，其秩亏数为 d。

仍组成法方程，有

$$\underset{uu}{N_{BB}} \underset{u1}{\hat{x}} - \underset{u1}{W} = 0 \tag{9.41}$$

式中，$\underset{uu}{N_{BB}} = B^{\mathrm{T}} PB$，$\underset{u1}{W} = B^{\mathrm{T}} Pl$，且 $R(N_{BB}) = R(B^{\mathrm{T}} PB) = t < u$，所以 N_{BB} 也是秩亏阵，其秩亏数仍为 d。这时，由于 $|N_{BB}| = 0$，故 N_{BB} 的逆 N_{BB}^{-1} 不存在，法方程有无穷解，无法求得唯一的 $\hat{x}$。

由上面分析可知，当控制网中没有起算数据时，法方程的系数阵就产生秩亏，不同类型控制网的秩亏数就是经典平差时必要的起算数据的个数。对于水准网，必要起算数据是一个点的高程，故 $d = 1$。对于测边网或边角网，必要起算数据是一个点的坐标和一条边的方位角，故 $d = 3$。对于测角网，必要起算数据是两个点的坐标，故 $d = 4$。

9.3.2 秩亏自由网平差原理

设 u 个未知参数为 $\underset{u1}{\hat{X}}$，观测向量为 $\underset{n1}{L}$，函数模型为

$$\underset{n1}{\hat{L}} = \underset{n1}{L} + \underset{n1}{V} = \underset{nu}{B} \underset{u1}{\hat{X}} + \underset{n1}{d} \tag{9.42}$$

其中，$R(B) = t < u$，$d = u - t$，相应的误差方程为

$$V = B\hat{x} - l \tag{9.43}$$

式中

$$\hat{X} = X^0 + \hat{x}, \quad l = L - (BX^0 + d)$$

式（9.43）即为秩亏自由网平差的函数模型，实质是具有系数阵秩亏的间接平差模型。

按最小二乘原理，在 $V^{\mathrm{T}} PV = \min$ 下，组成法方程为

$$B^{\mathrm{T}} PB\hat{x} - B^{\mathrm{T}} Pl = 0 \tag{9.44}$$

由于 $R(N_{BB}) = R(B^{\mathrm{T}} PB) = R(B) = t < u$，$N_{BB}^{-1}$ 不存在，方程式（9.44）不具有唯一解。这是因为参数 $\hat{x}$ 必须在一定的坐标基准下才能唯一确定。坐标基准个数即为秩亏数 d。

设有 d 个坐标基准条件，其形式为

$$\underset{du}{S^{\mathrm{T}}}\underset{u1}{\hat{x}} = 0 \tag{9.45}$$

基准条件，就是指所选的 u 个参数之间存在着 d 个约束条件。例如在水准网中，$d=$ 1，即 $u=t+1$，可选一个基准条件，若设 $\hat{x}_1=0$，则剩下 t 个独立参数可得唯一解。

附加的基准条件式（9.45）应与法方程式（9.44）线性无关，这一要求等价于满足下列关系：

$$\underset{uu}{N_{BB}}\underset{ud}{S} = 0 \tag{9.46}$$

因 $N_{BB}=B^{\mathrm{T}}PB$，故亦有

$$BS = 0 \tag{9.47}$$

此外，式（9.45）中的 d 个方程也要线性无关，故必须 $R(S)=d$。

联合解算式（9.43）和式（9.45），按附有限制条件的间接平差法，构成新的函数

$$\Psi = V^{\mathrm{T}}PV + 2K^{\mathrm{T}}(S^{\mathrm{T}}\hat{x}) = \min$$

组成法方程为

$$\left.\begin{array}{r}B^{\mathrm{T}}PB\hat{x} + SK - B^{\mathrm{T}}Pl = 0 \\ S^{\mathrm{T}}\hat{x} = 0\end{array}\right\} \tag{9.48}$$

将式（9.48）的第一方程两边左乘 S^{T}，并顾及式（9.47），得

$$S^{\mathrm{T}}SK = 0$$

因矩阵 $S^{\mathrm{T}}S$ 正则，故有

$$K = 0 \tag{9.49}$$

因此

$$\Psi = V^{\mathrm{T}}PV + 2K^{\mathrm{T}}(S^{\mathrm{T}}\hat{x}) = V^{\mathrm{T}}PV$$

亦即，秩亏自由网平差中的 V 和 $V^{\mathrm{T}}PV$ 是与基准条件无关的不变量。

将式（9.48）中第二式左乘 S 并与第一式相加，考虑 $K=0$，得

$$(B^{\mathrm{T}}PB + SS^{\mathrm{T}})\hat{x} = B^{\mathrm{T}}Pl \tag{9.50}$$

解得

$$\hat{x} = (B^{\mathrm{T}}PB + SS^{\mathrm{T}})^{-1}B^{\mathrm{T}}Pl = Q'B^{\mathrm{T}}Pl \tag{9.51}$$

式中

$$Q' = (B^{\mathrm{T}}PB + SS^{\mathrm{T}})^{-1} \tag{9.52}$$

9.3.3 S 的确定

秩亏自由网平差基准条件有多种取法，例如高程网中取平差后一点的高程改正数为零，平面网中取平差后两点的坐标的改正数为零等。下面给出满足 $NS=0$ 条件的 S 的一组表达形式。

在水准网平差中，秩亏水准网的 $d=1$，S 的表达式可取为

$$\underset{1u}{S^{\mathrm{T}}} = \begin{bmatrix} 1 & 1 & \cdots & 1 \end{bmatrix} \tag{9.53}$$

而对应的基准条件方程为

$$\hat{x}_1 + \hat{x}_2 + \cdots + \hat{x}_u = 0 \tag{9.54}$$

在测边网平差中，秩亏测边网的 $d=3$，设网中共有 m 个点，S 的表达式可取为

$$\underset{3u}{S^{\mathrm{T}}} = \begin{bmatrix} 1 & 0 & 1 & 0 & \cdots & 1 & 0 \\ 0 & 1 & 0 & 1 & \cdots & 0 & 1 \\ -Y_1^0 & X_1^0 & -Y_2^0 & X_2^0 & \cdots & -Y_m^0 & X_m^0 \end{bmatrix} \tag{9.55}$$

而对应的基准条件方程为

$$\left. \begin{array}{l} \hat{x}_1 + \hat{x}_2 + \cdots + \hat{x}_m = 0 \\ \hat{y}_1 + \hat{y}_2 + \cdots + \hat{y}_m = 0 \\ -Y_1^0 \hat{x}_1 + X_1^0 \hat{y}_1 + \cdots - Y_m^0 \hat{x}_m + X_m^0 \hat{y}_m = 0 \end{array} \right\} \tag{9.56}$$

式（9.56）中，第一个方程是纵坐标基准条件方程，第二个方程是横坐标基准条件方程，第三个方程是方位角基准条件方程。

在测角网平差中，秩亏测角网的 $d=4$，设网中共有 m 个点，S 的表达式可取为

$$\underset{4u}{S^{\mathrm{T}}} = \begin{bmatrix} 1 & 0 & 1 & 0 & \cdots & 1 & 0 \\ 0 & 1 & 0 & 1 & \cdots & 0 & 1 \\ -Y_1^0 & X_1^0 & -Y_2^0 & X_2^0 & \cdots & -Y_m^0 & X_m^0 \\ X_1^0 & Y_1^0 & X_2^0 & Y_2^0 & \cdots & X_m^0 & Y_m^0 \end{bmatrix} \tag{9.57}$$

而对应的基准条件方程为

$$\left. \begin{array}{l} \hat{x}_1 + \hat{x}_2 + \cdots + \hat{x}_m = 0 \\ \hat{y}_1 + \hat{y}_2 + \cdots + \hat{y}_m = 0 \\ -Y_1^0 \hat{x}_1 + X_1^0 \hat{y}_1 + \cdots - Y_m^0 \hat{x}_m + X_m^0 \hat{y}_m = 0 \\ X_1^0 \hat{x}_1 + Y_1^0 \hat{y}_1 + \cdots + X_m^0 \hat{x}_m + Y_m^0 \hat{y}_m = 0 \end{array} \right\} \tag{9.58}$$

式（9.58）中，第一个方程是纵坐标基准条件方程，第二个方程是横坐标基准条件方程，第三个方程是方位角基准条件方程，第四个方程是边长基准条件方程。

采用上述确定 S 的方法组成基准条件，称为秩亏自由网平差的重心基准。

9.3.4　单位权中误差估值的计算

单位权中误差估值的计算式为

$$\hat{\sigma}_0 = \sqrt{\frac{V^{\mathrm{T}} P V}{n-t}} = \sqrt{\frac{V^{\mathrm{T}} P V}{n-(u-d)}} \tag{9.59}$$

式中，$V^{\mathrm{T}} P V$ 可以直接计算，也可以按下式求得

$$V^{\mathrm{T}} P V = l^{\mathrm{T}} P l - W^{\mathrm{T}} \hat{x} \tag{9.60}$$

未知参数 $\hat{x}$ 的协因数为

$$Q_{\hat{x}\hat{x}} = Q' B^{\mathrm{T}} P B Q' = Q' N_{BB} Q' \tag{9.61}$$

由式（9.52）式知

$$Q'(B^{\mathrm{T}} P B + S S^{\mathrm{T}}) = I$$

或

$$Q' B^{\mathrm{T}} P B = I - Q' S S^{\mathrm{T}}$$

代入式（9.61）得

$$Q_{\hat{x}\hat{x}} = Q' - Q' S S^{\mathrm{T}} Q' \tag{9.62}$$

【例 9.2】　在图 9.2 的水准网中，h_1、h_2、h_3 为等精度观测值。设 P_1、P_2 点高程平

差值为未知参数，其误差方程为：

$$V = \begin{bmatrix} -1 & 1 \\ -1 & 1 \\ -1 & 1 \end{bmatrix} \begin{bmatrix} \hat{x}_1 \\ \hat{x}_2 \end{bmatrix} - \begin{bmatrix} 2 \\ -1 \\ 1 \end{bmatrix} \text{mm}$$

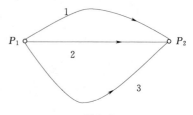

图 9.2

试按秩亏自由网平差求法方程的解 $\hat{x}$ 及其协因数 $Q_{\hat{x}\hat{x}}$。

解： 依题意，有

$$B = \begin{bmatrix} -1 & 1 \\ -1 & 1 \\ -1 & 1 \end{bmatrix} \qquad l = \begin{bmatrix} 2 \\ -1 \\ 1 \end{bmatrix} \qquad P = \begin{bmatrix} 1 & & \\ & 1 & \\ & & 1 \end{bmatrix}$$

由于 $R(B) = 1$，说明由误差方程式组成的法方程无法求解。现选取

$$S^{\mathrm{T}} = \begin{bmatrix} 1 & 1 \end{bmatrix}$$

则由 $Q_{\hat{x}\hat{x}} = Q' B^{\mathrm{T}} P B Q' = Q' N_{BB} Q'$，得

$$Q_{\hat{x}\hat{x}} = \frac{1}{12} \begin{bmatrix} 1 & -1 \\ -1 & 1 \end{bmatrix}$$

由 $\hat{x} = (B^{\mathrm{T}} P B + S S^{\mathrm{T}})^{-1} B^{\mathrm{T}} P l$，得

$$\hat{x}_1 = -\frac{1}{3} \text{mm} \qquad \hat{x}_2 = \frac{1}{3} \text{mm}$$

9.4 最小二乘配置原理

9.4.1 概述

在实际测量中，有些参数在平差前就已知其期望和方差的先验信息，像这种具有先验信息的参数是随机参数。考虑附有随机参数的平差问题称为最小二乘配置或称最小二乘拟合推估。

最小二乘配置的函数模型为

$$\underset{n1}{L} = \underset{nt}{B} \underset{t1}{\tilde{X}} + \underset{nm}{A} \underset{m1}{Y} - \Delta \tag{9.63}$$

式中：L 为观测向量；$\tilde{X}$ 为非随机参数；Y 为随机参数；Δ 为误差向量。

Y 又可分为两种情况，一是已测点的参数，与观测值间有函数关系，用 S 表示，它是 $m_1 \times 1$ 向量；另一种是未测点参数，用 S' 表示，它是 $m_2 \times 1$ 向量，它与观测值不发生函数关系，但 S' 与 S 统计相关，即用协方差与 S 相联系。故有

$$Y^{\mathrm{T}} = \begin{bmatrix} S^{\mathrm{T}} & S'^{\mathrm{T}} \end{bmatrix} \qquad A = \begin{bmatrix} A_1 & 0 \\ nm_1 & nm_2 \end{bmatrix}$$

且

$$R(A_1) = m_1 \qquad R(B) = t$$

函数模型中，已知随机量 Δ、Y 及 L 的先验数学期望信息，即

$$E(\Delta) = 0$$

$$E(Y) = \begin{bmatrix} E(S) \\ E(S') \end{bmatrix}$$

$$E(L) = B\tilde{X} + AE(Y) \tag{9.64}$$

令单位权方差 $\sigma_0^2 = 1$，则随机量 Δ、Y 及 L 的先验方差已知为

$$D(\Delta) = D_\Delta = P_\Delta^{-1}$$

$$D(Y) = D_Y = \begin{bmatrix} D_S & D_{SS'} \\ D_{S'S} & D_{S'} \end{bmatrix} = P_Y^{-1}$$

$$D_{\Delta Y} = 0（即 \Delta 与 Y 不相关）$$

$$D(L) = D_L = D(\Delta) + AD(Y)A^T$$

$$= D_\Delta + \begin{bmatrix} A_1 & 0 \end{bmatrix} \begin{bmatrix} D_S & D_{SS'} \\ D_{S'S} & D_{S'} \end{bmatrix} \begin{bmatrix} A_1^T \\ 0 \end{bmatrix}$$

$$= D_\Delta + A_1 D_S A_1^T \tag{9.65}$$

9.4.2 平差原理

根据式（9.63），写出误差方程

$$V = B\hat{X} + A\hat{Y} - L \tag{9.66}$$

式中

$$\hat{Y} = \begin{bmatrix} \hat{S} \\ \hat{S'} \end{bmatrix} \tag{9.67}$$

根据最小乘原理，有

$$V^T P_\Delta V + V_Y^T P_Y V_Y = \min \tag{9.68}$$

式中：V 是观测值 L 的改正数；V_Y 是 Y 的先验期望 $E（Y）$ 的改正数，且

$$V_Y = \begin{bmatrix} V_S \\ V_{S'} \end{bmatrix}$$

为了导出参数 $\hat{X}$ 和 Y 的估计公式，现在将 $E（Y）$ 看成是方差为 $D（Y）$、权为 P_Y 对 Y（非随机参数）的虚拟观测值，令

$$L_Y = \begin{bmatrix} L_S \\ L_{S'} \end{bmatrix} = E(Y) = \begin{bmatrix} E(S) \\ E(S') \end{bmatrix}$$

并令与 L_Y 相对应的观测误差为

$$\Delta_Y = \begin{bmatrix} \Delta_S \\ \Delta_{S'} \end{bmatrix}$$

则虚拟观测方程为

$$L_Y = Y - \Delta_Y = \begin{bmatrix} S \\ S' \end{bmatrix} - \begin{bmatrix} \Delta_S \\ \Delta_{S'} \end{bmatrix} \tag{9.69}$$

与 L_Y 相应的误差方程为

$$V_Y = \hat{Y} - L_Y \tag{9.70}$$

由式（9.66）和式（9.70），可得最小二乘配置的误差方程为

$$\left. \begin{array}{l} V = B\hat{X} + A\hat{Y} - L \\ V_Y = \hat{Y} - L_Y \end{array} \right\} \tag{9.71}$$

利用误差方程（9.71）在最小二乘原理式（9.68）下平差，此时已将配置问题转化为

一般间接平差问题，法方程为

$$\begin{bmatrix} B^{\mathrm{T}}P_{\Delta}B & B^{\mathrm{T}}P_{\Delta}A \\ A^{\mathrm{T}}P_{\Delta}B & A^{\mathrm{T}}P_{\Delta}A + P_{Y} \end{bmatrix} \begin{bmatrix} \hat{X} \\ \hat{Y} \end{bmatrix} = \begin{bmatrix} B^{\mathrm{T}}P_{\Delta}L \\ A^{\mathrm{T}}P_{\Delta}A + P_{Y}L_{Y} \end{bmatrix} \tag{9.72}$$

解之得

$$\begin{bmatrix} \hat{X} \\ \hat{Y} \end{bmatrix} = \begin{bmatrix} B^{\mathrm{T}}P_{\Delta}B & B^{\mathrm{T}}P_{\Delta}A \\ A^{\mathrm{T}}P_{\Delta}B & A^{\mathrm{T}}P_{\Delta}A + P_{Y} \end{bmatrix}^{-1} \begin{bmatrix} B^{\mathrm{T}}P_{\Delta}L \\ A^{\mathrm{T}}P_{\Delta}A + P_{Y}L_{Y} \end{bmatrix} \tag{9.73}$$

由此，可以解算平差参数及信号向量的平差值 $\hat{X}$，$\hat{Y}$。

9.4.3　单位权中误差估值的计算

单位权中误差估值可按下式计算

$$\hat{\sigma}_0 = \sqrt{\frac{V^{\mathrm{T}}P_{\Delta}V + V_Y^{\mathrm{T}}P_Y V_Y}{n - t}} \tag{9.74}$$

式中：n 为观测值 L 的个数；t 为非随机参数 $\hat{X}$ 的个数。

对于法方程系数阵，若令

$$\begin{bmatrix} B^{\mathrm{T}}P_{\Delta}B & B^{\mathrm{T}}P_{\Delta}A \\ A^{\mathrm{T}}P_{\Delta}B & A^{\mathrm{T}}P_{\Delta}A + P_{Y} \end{bmatrix}^{-1} = \begin{bmatrix} Q_{11} & Q_{12} \\ Q_{21} & Q_{22} \end{bmatrix} \tag{9.75}$$

则 $\hat{X}$、$\hat{Y}$ 的协因数阵分别为

$$Q_{\hat{X}\hat{X}} = Q_{11} \tag{9.76}$$

$$Q_{\hat{Y}\hat{Y}} = Q_{22} \tag{9.77}$$

$$Q_{\hat{X}\hat{Y}} = Q_{12} \tag{9.78}$$

习　　题

9.1　简述序贯平差的原理。

9.2　简述附有系统参数的平差原理。

9.3　简述秩亏自由网平差原理。

9.4　简述最小二乘配置原理。

第10章 常用测量平差
软件应用简介

学习目标：通过本章学习，了解测量平差软件处理数据的流程，熟悉参数的设置方式，掌握常用控制网平差软件的使用方法。

在生产和科学试验中，测量数据常常很多，如果用手工计算，工作量很大，还容易出错。利用计算机高效的运算能力来编程计算，则可以大大提高计算效率。目前，市面上出现的测量平差软件很多，如清华山维公司开发的 NASEW95 平差软件、南方测绘仪器公司开发的平差易软件等。此外，也有许多测绘生产单位和个人根据测量工作需要开发编制测量平差软件。这些软件虽然各有特点，但基本思想相同，都是根据测量平差原理，用 VB 或 VC 语言在 Windows 系统下开发出来的，操作流程也大同小异。下面以生产中常用的平差易为例讲解软件的使用方法。

10.1 平差易简介

平差易（Power Adjust 2005，简称 PA2005），是在 Windows 系统下用 VC 编程语言开发的控制测量数据处理软件。采用了 Windows 风格的数据输入技术和多种数据接口（南方系列产品接口、其他软件文件接口），同时辅以控制网图的动态显示，实现了从数据采集、数据处理和成果打印的一体化。成果输出丰富强大、多种多样，平差报告完整详细，报告内容也可根据用户需要自行定制，另有详细的精度统计和网形分析信息等。其接口友好，功能强大，操作简便，是控制测量理想的数据处理工具。

图 10.1

10.1.1 软件的安装和启动

平差易可在 Windows95、Windows98、Windows2000 和 WindowsXP 下安装运行。

1. 安装步骤

平差易（PA2005）的安装光盘中有 PA2005 文件夹，打开此档夹并找到 setup. exe 文件，双击 setup. exe 后屏幕上将出现图 10.1 的接口。

等待 2s，平差易的安装准备完成后即进入平差易的安装（图 10.2）。

点击"Next"进入软件安装"用

户须知"接口（图 10.3）。

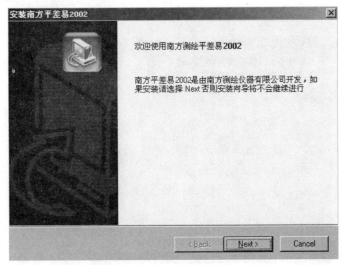

图 10.2

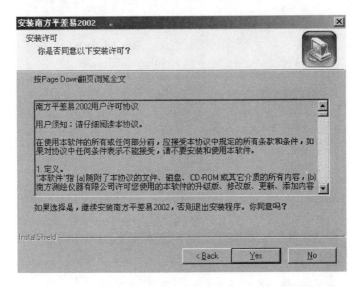

图 10.3

如果同意安装许可，请点击"yes"。

在"安装路径"中设置 PA2005 的安装目录。安装软件给出了默认的安装位置c：\ Program Files\South Survey Office\Power Adjust（图 10.4），用户也可以通过单击 Browse 按钮从弹出的对话框中修改软件的文件夹。如果已选择好了档夹，则可以单击 Next 按钮开始进行安装（图 10.5）。此时平差易的主体程序已安装完毕。

安装完成后屏幕弹出图 10.6 所示接口，确定是否要安装软件狗的驱动程序。

点击"English"和"Chinese"可实现安装说明的英文与中文的切换。如果要安装软件狗的驱动程序就点击"继续"，如果不安装就点击"退出"即可。第一次安装此软件时必须安装软件狗。

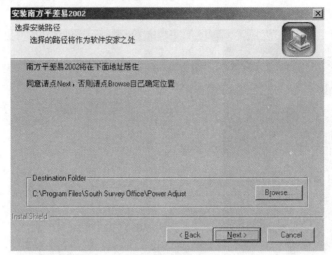

图 10.4

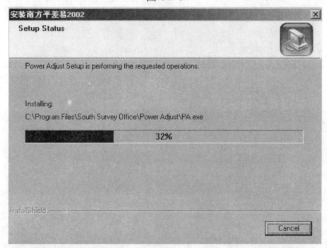

图 10.5

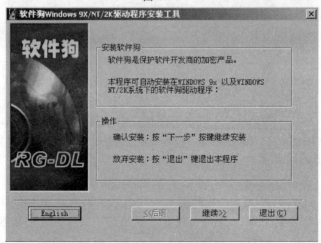

图 10.6

图 10.7 所示接口中有当前计算机系统和软件狗驱动程序状态说明。点击"继续"来替换以前的驱动程序。在安装过程中有如图 10.8 所示提示。

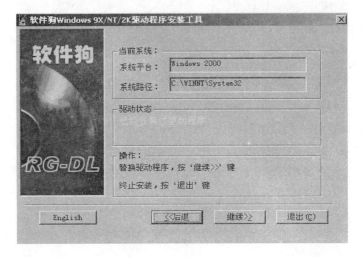

图 10.7

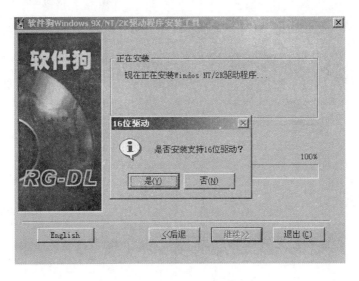

图 10.8

系统提示为"是否安装支持 16 位驱动",如点击"是"则此软件可在 Windows95、Windows98、Windows2000 和 WindowsXP 下安装和运行,如点击"否"则此软件只能在 Windows95、Windows98 下运行,否则它将无法读到软件狗。

点击"是",继续软件狗驱动程序的安装。

点击"完成"结束驱动程序的安装(图 10.9)。

2. 启动平差易

启动方式有以下三种。

第一种:直接在桌面上双击平差易的图标"南方平差易 2005"。

131

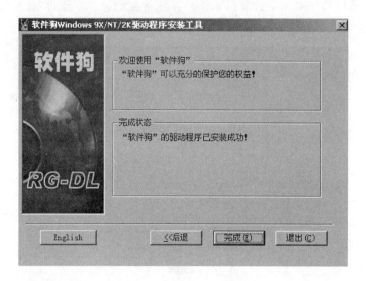

图 10.9

第二种：点击"开始 \ 程序 \ South Survey Office \ 南方平差易 2005"。

第三种：点击"C：\ Program Files \ South Survey Office \ Power Adjust \ PA. exe"。

10.1.2　主界面

启动后即可进入平差易的主接口。

PA2005 的操作接口主要分为两部分——顶部下拉菜单和工具条，如图 10.10 所示。

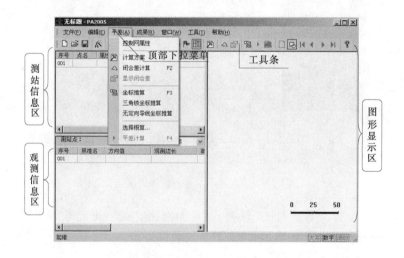

图 10.10

主接口中包括测站信息区、观测信息区、图形显示区以及顶部下拉菜单和工具条。

所有 PA2005 的功能都包含在顶部的下拉菜单中，可以通过操作平差易下拉菜单来完成平差计算的所有工作。例如文件读入和保存、平差计算、成果输出等。

文件：包含文件的新建、打开、保存、导入、平差向导和打印等，如图 10.11 所示。

编辑：查找记录、删除记录，如图 10.12 所示。

平差：控制网属性、计算方案、闭合差计算、坐标推算、选择概算和平差计算等，如图 10.13 所示。

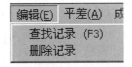

图 10.11　　　　　　　　　图 10.12　　　　　　　　　图 10.13

成果：精度统计、图形分析、CASS 输出、WORD 输出、略图输出和闭合差输出等。当没有平差结果时该对话框为灰色，如图 10.14 所示。

窗口：平差报告、网图、报表显示比例、平差属性、网图属性等，如图 10.15 所示。

工具：坐标换算、解析交会、大地正反算、坐标反算等，如图 10.16 所示。

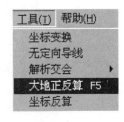

图 10.14　　　　　　　　　图 10.15　　　　　　　　　图 10.16

工具条：保存、打印、视图显示、平差和查看平差报告等功能，如图 10.17 所示。

图 10.17

10.1.3　由观测资料到平差成果

1. 用平差易做控制网平差的过程

第一步：控制网数据录入。

第二步：坐标推算。

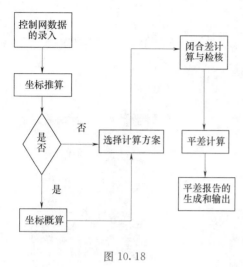

图 10.18

第三步：坐标概算。

第四步：选择计算方案。

第五步：闭合差计算与检核。

第六步：平差计算。

第七步：平差报告的生成和输出。

作业流程图，如图 10.18 所示。

2. 向导式平差

向导即是按照应用程序的文字提示一步一步操作下去，最终达到应用目的。PA2005 提供了向导式平差，根据向导的中文提示点击相应的信息即可完成全部的操作。它对 PA2005 的初学者有着极大的帮助，建议 PA2005 的初学者先应用向导来熟悉 PA2005 数据处理的全部操作过程。

本平差向导只适用于对已经编辑好的平差数据文件进行平差。

向导式平差需要事先编辑好数据文件，这里我们就以 demo 中的"边角网 4. txt"文件为例来说明。

第一步：进入平差向导。

首先启动"南方平差易 2005"，然后用鼠标点击下拉菜单"文件 \ 平差向导"，如图 10.19 所示。

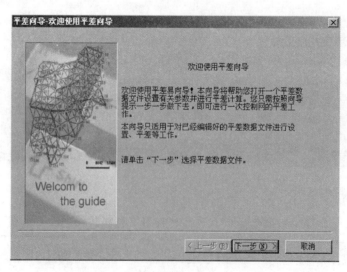

图 10.19

请注意平差向导的中文提示和应用说明，并依据提示进行。

第二步：选择平差数据文件。

点击"下一步"进入平差数据文件的选择页面。如图 10.20 所示。

点击"浏览"来选择要平差的数据文件（图 10.21）。

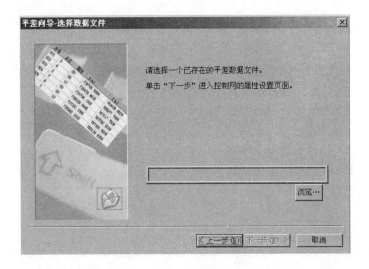

图 10.20

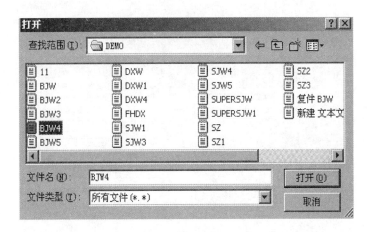

图 10.21

所选择的对象必须是已经编辑好的平差数据文件，如 PA2005 的 Demo 中"边角网4"。对于数据文件的建立，PA2005 提供了两种方式，一是启动系统后，在指定表格中手工输入数据，然后点击"文件\保存"生成数据文件；二是依照文档格式，在 Windows 的"记事本"里手工编辑生成。

点击"打开"即可调入该数据文件，如图 10.22 所示。

第三步：控制网属性设置。

调入平差数据后点击"下一步"即可进入控制网属性设置接口，如图 10.23 所示。该功能将自动调入平差数据文件中控制网的设置参数，如果数据文件中没有设置参数，则此对话框为空，同时也可对控制网属性进行添加和修改，向导处理完后该属性将自动保存在平差数据文件中。

点击"下一步"进入计算方案的设置界面，如图 10.24 所示。

第四步：设置计算方案。

135

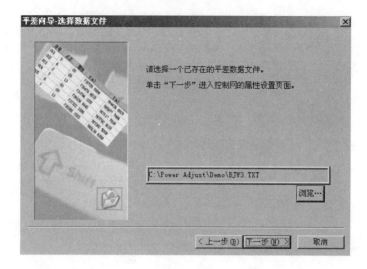

图 10.22

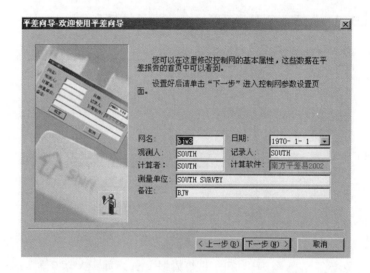

图 10.23

设置平差计算的一系列参数，包括验前单位权中误差、测距仪固定误差、测距仪比例误差等，如图 10.24 所示。该向导将自动调入平差数据文件中计算方案的设置参数，如果数据文件中没有该参数，则此对话框为默认参数（2.5、5、5），同时也可对该参数进行编辑和修改，向导处理完后该参数将自动保存在平差数据文件中。

点击"下一步"进入坐标概算界面。

第五步：选择概算。

概算是对观测值的改化，包括边长、方向和高程的改正等。当需要概算时就在"概算"前打"√"，然后选择需要概算的内容，如图 10.25 所示。

点击"完成"则整个向导的数据处理完毕，随后就回到南方平差易 2005 的接口，在此接口中就可查看该数据的平差报告以及打印和输出。

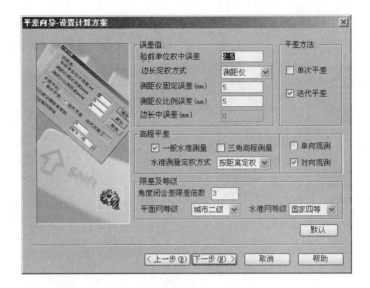

图 10.24

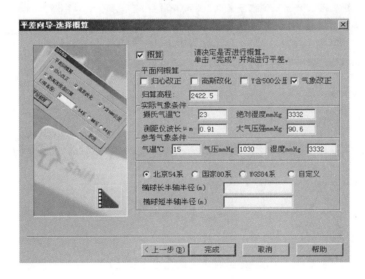

图 10.25

3. 控制网数据的录入

控制网的数据录入分数据文件读入和直接键入两种。凡符合 PA2005 文档格式的数据均可直接读入。

读入后 PA2005 自动推算坐标和绘制网图。PA2005 为手工数据键入提供了一个电子表格，以"测站"为基本单元进行操作，键入过程中 PA2005 将自动推算其近似坐标和绘制网图，如图 10.26 所示。

下面介绍如何在电子表格中输入数据。首先，在测站信息区中输入已知点信息（点名、属性、坐标）和测站点信息（点名）；然后，在观测信息区中输入每个测站点的观测信息，如图 10.27 所示。

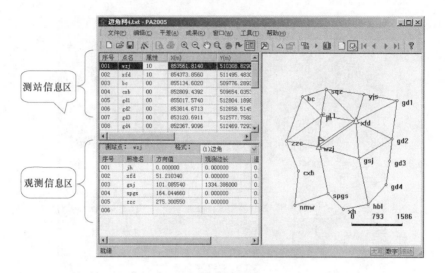

图 10.26

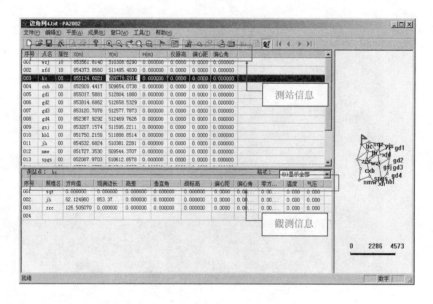

图 10.27

测站信息：

"序号"：指已输测站点个数，它会自动叠加。

"点名"：指已知点或测站点的名称。

"属性"：用以区别已知点与未知点：00 表示该点是未知点，10 表示该点是平面坐标而无高程的已知点，01 表示该点是无平面坐标而有高程的已知点，11 表示该已知点既有平面坐标也有高程。

"X、Y、H"：分别指该点的纵、横坐标及高程（X：纵坐标，Y：横坐标）。

"仪器高"：指该测站点的仪器高度，它只有在三角高程的计算中才使用。

"偏心距、偏心角"：指该点测站偏心时的偏心距和偏心角（不需要偏心改正时则可不输入数值）。

观测信息：

观测信息与测站信息是相互对应的，当某测站点被选中时，观测信息区中就会显示当该点为测站点时所有的观测数据。故当输入了测站点时，需要在观测信息区的电子表格中输入其观测数值。第一个照准点即为定向，其方向值必须为 0，而且定向点必须是唯一的。

"照准名"：指照准点的名称。

"方向值"：指观测照准点时的方向观测值。

"观测边长"：指测站点到照准点之间的平距（在观测边长中只能输入平距）。

"高差"：指测站点到观测点之间的高差。

"垂直角"：指以水平方向为零度时的仰角或俯角。

"站标高"：指测站点观测照准点时的棱镜高度。

"偏心距、偏心角、零方向角"：指该点照准偏心时的偏心距和偏心角（不需要偏心改正时则可不输入数值）。

"温度"：指测站点观测照准点时的当地实际温度。

"气压"：指测站点观测照准点时的当地实际气压（温度和气压只参入概算中的气象改正计算）。

4. 数据输入方法实例

（1）导线实例。

这是一条附合导线的测量数据和简图，A、B、C 和 D 是已知坐标点，2、3 和 4 是待测的控制点。原始测量资料见表 10.1。

表 10.1

测 站 点	角度（° ′ ″）	距离（m）	X（m）	Y（m）
B			8345.8709	5216.6021
A	85 30 21.1	1474.4440	7396.2520	5530.0090
2	254 32 32.2	1424.7170		
3	131 04 33.3	1749.3220		
4	272 20 20.2	1950.4120		
C	244 18 30.0		4817.6050	9341.4820
D			4467.5243	8404.7624

附合导线如图 10.28 所示。

在平差易软件中输入以上数据，如图 10.29 所示。

在测站信息区中输入 A、B、C、D、2、3 和 4 号测站点，其中 A、B、C、D 为已知坐标点，其属性为 10，其坐标如"原始数据表"；2、3、4 点为待测点，其属性为 00，其他信息为空。如果要考虑温度、气压对边长的影响，就需要在观测信息区中输入每条边的实际温度、气压值，然后通过概算来进行改正。

根据控制网的类型选择数据输入格式，此控制网为边角网，选择边角格式，如图 10.30 所示。

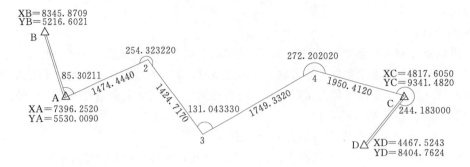

图 10.28

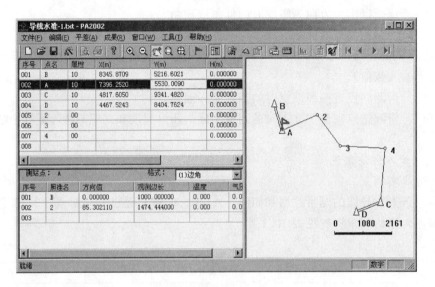

图 10.29

| 测站点： | 4 | | 格式： | (1)边角 | ▼ |

图 10.30

在观测信息区中输入每一个测站点的观测信息，为了节省空间，只截取观测信息的部分表格示意图。

B、D 作为定向点，它没有设站，所以无观测信息，但在测站信息区中必须输入它们的坐标。

以 A 为测站点，B 为定向点时（定向点的方向值必须为零），照准 2 号点的数据输入如图 10.31 所示。

测站点：　A			格式：　(1)边角		▼
序号	照准名	方向值	观测边长	温度	气压
001	B	0.000000	1000.000000	0.000	0.000
002	2	85.302110	1474.444000	0.000	0.000

图 10.31

以 C 为测站点，以 4 号点为定向点时，照准 D 点的数据输入如图 10.32 所示。

测站点：C				格式：	(1)边角
序号	照准名	方向值	观测边长	温度	气压
001	4	0.000000	0.000000	0.000	0.000
002	D	244.183000	1000.000000	0.000	0.000

图 10.32

2 号点作为测站点时，以 A 为定向点，照准 3 号点的数据输入，如图 10.33 所示。

测站点：2				格式：	(1)边角
序号	照准名	方向值	观测边长	温度	气压
001	A	0.000000	0.000000	0.000	0.000
002	3	254.323220	1424.717000	0.000	0.000

图 10.33

以 3 号点为测站点，以 2 号点为定向点时，照准 4 号点的数据输入如图 10.34 所示。

测站点：3				格式：	(1)边角
序号	照准名	方向值	观测边长	温度	气压
001	2	0.000000	0.000000	0.000	0.000
002	4	131.043330	1749.322000	0.000	0.000

图 10.34

以 4 号点为测站点，以 3 号点为定向点时，照准 C 点的数据输入如图 10.35 所示。

测站点：4				格式：	(1)边角
序号	照准名	方向值	观测边长	温度	气压
001	3	0.000000	0.000000	0.000	0.000
002	C	272.202020	1950.412000	0.000	0.000

图 10.35

说明：①资料为空或前面已输入过时可以不输入（对向观测例外）。

②在电子表格中输入数据时，所有零值可以省略不输。

以上数据输入完后，点击菜单"文件 \ 另存为"，将输入的数据保存为平差易数据格式文件。

（2）三角高程实例。

这是三角高程的测量资料和简图，A 和 B 是已知高程点，2、3 和 4 是待测的高程点。原始测量资料见表 10.2 所示。

表 10.2

测站点	距离（m）	垂直角（° ′ ″）	仪器高（m）	觇标高（m）	高程（m）
A	1474.4440	+1 04 40	1.30		96.0620
2	1424.7170	+3 25 21	1.30	1.34	

续表

测站点	距离（m）	垂直角（°′″）	仪器高（m）	觇标高（m）	高程（m）
3	1749.3220	−0 38 08	1.35	1.35	
4	1950.4120	−2 45 37	1.45	1.50	
B				1.52	95.9716

三角高程路线图（模拟）如图 10.36 所示，图 10.36 中 r 为垂直角。

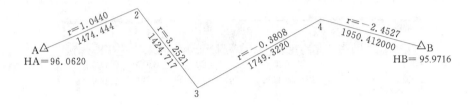

图 10.36

在平差易中输入以上数据，如图 10.37 所示。

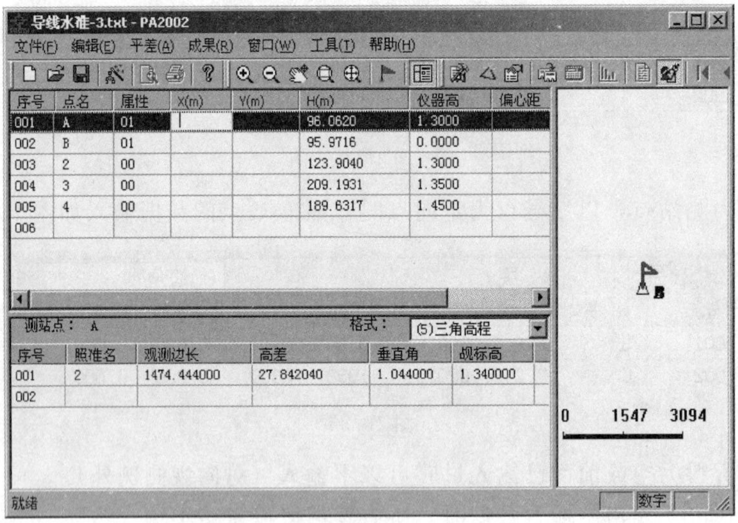

图 10.37

在测站信息区中输入 A、B、2、3 和 4 号测站点，其中 A、B 为已知高程点，其属性为 01，其高程如"三角高程原始资料表"；2、3、4 点为待测高程点，其属性为 00，其他信息为空。因为没有平面坐标资料，故在平差易软件中也没有网图显示。

此控制网为三角高程，选择三角高程格式。如图 10.38 所示。

测站点：　4　　　　　　　　　格式：　(5)三角高程　▼

图 10.38

注意：在"计算方案"中要选择"三角高程"，而不是"一般水平"。

在观测信息区中输入每一个测站的三角高程观测资料。测段 A 点至 2 号点的观测数据输入如图 10.39 所示。

测站点：A			格式：	(5)三角高程 ▼	
序号	照准名	观测边长	高差	垂直角	觇标高
001	2	1474.444000	27.842040	1.044000	1.340000

图 10.39

测段 2 点至 3 号点的观测数据输入如图 10.40 所示。

测站点：2			格式：	(5)三角高程 ▼	
序号	照准名	观测边长	高差	垂直角	觇标高
001	3	1424.717000	85.289093	3.252100	1.350000

图 10.40

测段 3 点至 4 号点的观测数据输入如图 10.41 所示。

测站点：3			格式：	(5)三角高程 ▼	
序号	照准名	观测边长	高差	垂直角	觇标高
001	4	1749.322000	-19.353448	-0.380800	1.500000

图 10.41

测段 4 点至 B 点的观测数据输入如图 10.42 所示。

测站点：4			格式：	(5)三角高程 ▼	
序号	照准名	观测边长	高差	垂直角	觇标高
001	B	1950.412000	-93.760085	-2.452700	1.520000

图 10.42

以上数据输入完后，点击"档 \ 另存为"，将输入的数据保存为平差易格式文档。

平差易软件中也可进行导线水平和三角高程导线的平差计算，数据输入的方法与上述的几乎一样，但要注意将控制网的类型格式选择为"(6) 导线水平"或"(7) 三角高程导线"。

10.2 平差过程操作实例

下面以 Demo 下的"三角高程导线 .txt"文档为例，讲解 PA2005 平差操作的全过程。

1. 打开数据文件

点击菜单"文件 \ 打开"，在图 10.43"打开文件"对话框中找到"三角高程导线 .txt"。

2. 近似坐标推算

根据已知条件（测站点信息和观测信息）推算出待测点的近似坐标，作为构成动态网图和导线平差作基础。

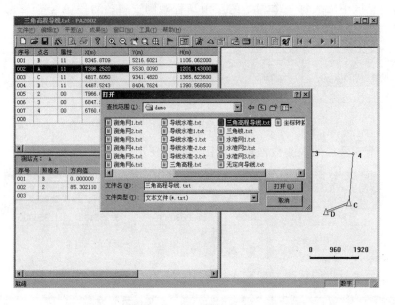

图 10.43

用鼠标点击菜单"平差 \ 推算坐标"即可进行坐标的推算。如图 10.44 所示。

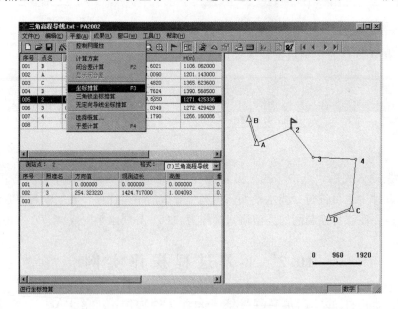

图 10.44

推算坐标的结果如图 10.45 所示。

注意：每次打开一个已有数据文件时，PA2005 会自动推算各个待测点的近似坐标，并把近似坐标显示在测站信息区内。当数据输入或修改原始数据时则需要用此功能重新进行坐标推算。

3. 选择概算

主要对观测数据进行一系列的改化，根据实际的需要来选择其概算的内容并进行坐标

序号	点名	属性	X(m)	Y(m)	H(m)
001	B	11	8345.8709	5216.6021	1106.062000
002	A	11	7396.2520	5530.0090	1201.143000
003	C	11	4817.6050	9341.4820	1365.623600
004	D	11	4467.5243	8404.7624	1390.568500
005	2	00	7966.6446	6889.6550	1271.425336
006	3	00	6847.2752	7771.0349	1272.429429
007	4	00	6760.0102	9518.1790	1266.160086

图 10.45

的概算。如图 10.46 所示。

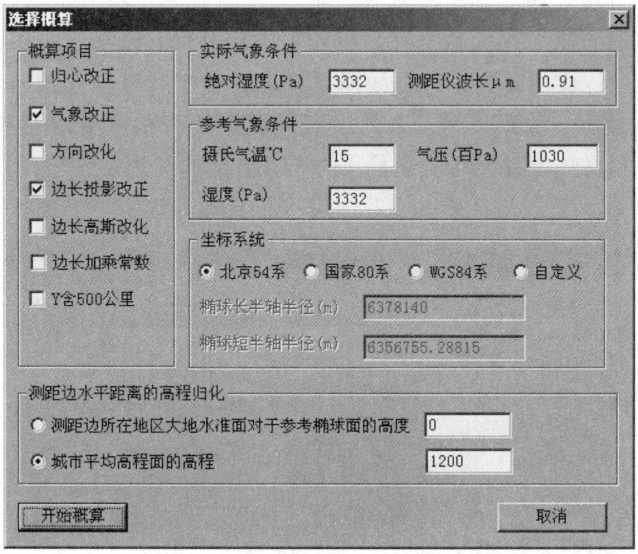

图 10.46

选择概算的项目有：归心改正、气象改正、方向改化、边长投影改正、边长高斯改化、边长加乘常数改正和 Y 含 500km。需要参入概算时就在项目前打"√"即可。

概算结束后提示如图 10.47 所示。

点击"是"后，可将概算结果保存为 txt 文本，结果如下。

边长改化概算成果表

图 10.47

测站	照准	边长（m）	改正数（m）	改正后边长（m）
A	2	1474.4440	−0.0084	1474.4356
2	3	1424.7170	−0.0161	1424.7009
3	4	1749.3220	−0.0191	1749.3029
4	C	1950.4120	−0.0356	1950.3764

边长气象改正成果表

测站	照准	边长（m）	改正数（m）	改正后边长（m）
A	2	1474.4356	0.0339	1474.4695
2	3	1424.7009	0.0287	1424.7295
3	4	1749.3029	0.0335	1749.3364
4	C	1950.3764	0.0348	1950.4113

4. 计算方案的选择

选择控制网的等级、参数和平差方法。

注意：对于同时包含了平面数据和高程数据的控制网，如三角网和三角高程网并存的控制网，一般处理过程应为：先进行平面网处理，然后在高程网处理时 PA2005 会使用已经较为准确的平面数据，如距离等，来处理高程数据。对精度要求很高的平面高程混合网，也可以在平面和高程处理间多次切换，迭代出精确的结果。

用鼠标点击菜单"平差＼平差方案"即可进行参数的设置，如图 10.48 所示。

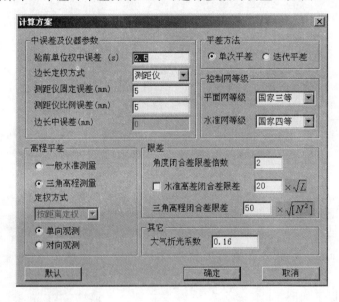

图 10.48

（1）平面控制网的等级：PA2005 提供的平面控制网等级有：国家二等、三等、四等，城市一级、二级，图根及自定义。此等级与它的验前单位权中误差是一一对应的。如平面控制网等级为城市二级时它的验前单位权中误差为 8″，当选择自定义时验前单位权中误差可任意输入。

（2）边长定权方式：包括测距仪、等精度观测和自定义。根据实际情况选择定权方式。

1）测距仪定权：通过测距仪的固定误差和比例误差计算出边长的权。"测距仪固定误差"和"测距仪比例误差"是测距仪的检测常数，它根据测距仪的实际检测数值（单位为

mm）来输入的（此值不能为零或空）。

2）等精度观测：各条边的观测精度相同，权也相同。

3）自定义：自定义边长中误差。此中误差为整个网的边长中误差，它可以通过每条边的中误差来计算。

平差方法有单次平差和迭代平差两种。

单次平差：进行一次普通平差，不进行粗差分析。迭代平差：不修改权而仅由新坐标修正误差方程。

高程平差：包括一般水平测量平差和三角高程测量平差。当选择水平测量时其定权方式有两种按距离定权和按测站数定权。

按距离定权：按照测段的距离来定权。

按测站定权：按照测段内的测站数（即设站数）来定权，在观测信息区的"观测边长"框中输入测站数。注意：软件中观测边长和测站数不能同时存在。

单向观测：每一条边只测一次。一般只有直觇没有反觇。

对向观测：每一条边都要往返测。既有直觇又有反觇（单向观测和对向观测只在高程平差时有效）。

闭合差计算限差倍数：闭合导线的闭合差容许超过限差（$M\sqrt{N}$）的最大倍数。

水平高差闭合差限差：规范容许的最大水平高差闭合差。其计算公式：$n\times\sqrt{L}$，其中 n 为可变的系数，L 为闭合路线总长，以公里为单位。如果在"水平高差闭合差限差"前打"√"可输入一个高程固定值作为水平高差闭合差。

三角高程闭合差限差：规范容许的最大三角高程闭合差。其计算公式：$n\times\sqrt{[N^2]}$，其中 n 为可变的系数，N 为测段长，以公里为单位，$[N^2]$ 为测段距离平方和。

大气折光系数：改正大气折光对三角高程的影响，其计算公式：$\Delta H=\dfrac{1-K}{2R}S^2$，其中 K 为大气垂直折光系数（一般为 0.10~0.14），S 为两点之间的水平距离，R 为地球曲率半径。此项改正只对三角高程起作用。

5. 闭合差计算与检核

根据观测值和"计算方案"中的设定参数来计算控制网的闭合差和限差，从而来检查控制网的角度闭合差或高差闭合差是否超限，同时检查分析观测粗差或误差。点击"平差\闭合差计算"，如图 10.49 所示。

左边的闭合差计算结果与右边的控制网图是动态相连的（右图中用红色表示闭合导线或中点多边形），它将数和图有机地结合在一起，使计算更加直观、检测更加方便，如图 10.50 所示。

"闭合差"：表示该导线或导线网的观测角度闭合差。

"权倒数"：即是导线测角的个数。

"限差"：其值为权倒数开方×限差倍数×单位权中误差（平面网为测角中误差）。

对导线网，闭合差信息区包括 fx、fy、fd、K、最大边长，平均边长以及角度闭合差等信息。若为无定向导线则无 fx、fy、fd、K 等项。闭合导线中若边长或角度输入不全也没有 fx、fy、fd、K 等项。

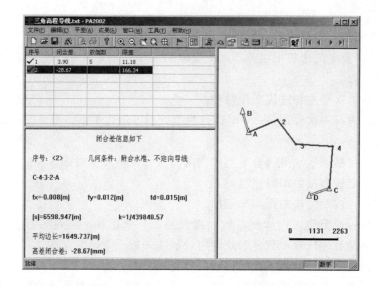

图 10.49

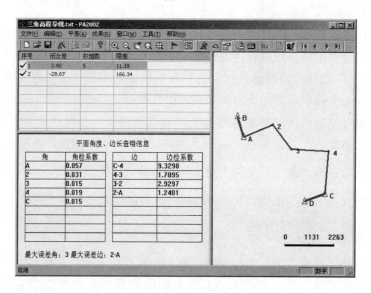

图 10.50

在闭合差计算过程中"序号"前面"!"表示该导线或网的闭合差超限，"√"表示该导线或网的闭合差合格。"X"则表示该导线没有闭合差。

此实例数据的角度闭合差和高差闭合差都合格。在平差易的闭合差计算中提供了粗差检测报告。

[闭合差统计表]

==

序号：<1>　　几何条件：附合导线

路径：D-C-4-3-2-A-B

角度闭合差=3.90，限差=±11.18，fx=0.014（m），fy=0.008（m），fd=0.016（m）

[s]＝6598.947（m），k＝1/409531，平均边长＝1649.737（m）

======================================

序号：＜2＞　几何条件：三角高程

路径：C-4-3-2-A

高差闭合差＝－28.67（mm），限差＝±50 X SQRT（11.068）＝±166.34（mm）

======================================

注意：闭合导线中没有 fx、fy、fd、[s]、k 和平均边长的原因为该闭合导线数据输入中边长或角度输入不全（要输入所有的边长和角度）。

通过闭合差可以检核闭合导线是否超限，甚至可检查到某个点的角度输入是否有错。

6. 平差计算

用鼠标点击菜单"平差\平差计算"即可进行控制网的平差计算。如图 10.51"平差计算"所示。

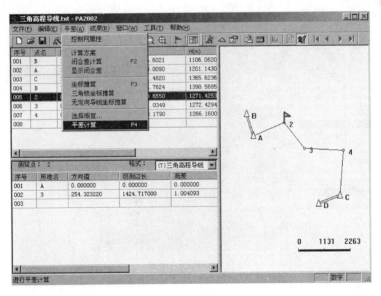

图 10.51

平面网可按"方向"或"角度"进行平差，它根据验前单位权中误差［单位：（°）、（′）、（″）］和测距的固定误差（单位：m）及比例误差（单位：百万分之一 ppm）来计算。

7. 平差报告的生成与输出

（1）精度统计表。

点击菜单"成果\精度统计"即可进行该资料的精度分析，如图 10.52 所示。

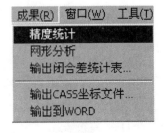

图 10.52

精度统计结果如图 10.53 所示。

精度统计主要统计在某一误差分配的范围内点的个数。在此直方图统计表中可以看出在误差 2～3cm 区分配的点最多为 11 个点，在 0～1cm 区分配的点有 3 个。线形图统计表中有误差点的线性变化。如图 10.54 所示。

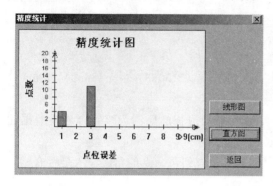

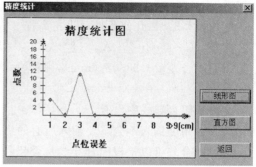

图 10.53　　　　　　　　　　　　　　　　图 10.54

（2）网形分析。

点击菜单"成果＼网形分析"即可进行网形分析。如图 10.55 所示。

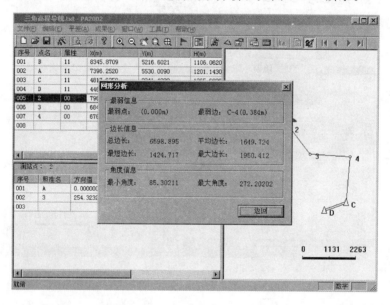

图 10.55

对网图的信息进行分析：

最弱信息：最弱点（离已知点最远的点），最弱边（离起算数据最远的边）。

边长信息：总边长，平均边长，最短边长，最大边长。

角度信息：最小角度、最大角度（测量的最小或最大夹角）。

（3）平差报告。

平差报告包括控制网属性、控制网概况、闭合差统计表、方向观测成果表、距离观测成果表、高差观测成果表、平面点位误差表、点间误差表、控制点成果表等，见表10.3～表10.9。也可根据自己的需要选择显示或打印其中某一项，成果表打印时其页面也可自由设置。它不仅能在 PA2005 中浏览和打印，还可输入到 Word 中进行保存和管理。

表 10.3 方向观测成果表

测站	照准	方向值（d m s）	改正数（s）	平差后值（d m s）	备注
A	B	0.000000			
A	2	85.302110	0.28	85.302138	
C	4	0.000000			
C	D	244.183000	1.28	244.183128	
2	A	0.000000			
2	3	254.323220	0.48	254.323268	
3	2	0.000000			
3	4	131.043330	0.76	131.043406	
4	3	0.000000			
4	C	272.202020	1.10	272.202130	

表 10.4 三角高程观测成果表

测站	照准	距离（m）	垂直角（d m s）	仪器高（m）	觇标高（m）
A	2	1474.44400	2.4319	1.34000	1.30000
2	3	1424.71700	0.0145	1.42500	1.28000
3	4	1749.32200	−0.1246	1.35400	1.30000
4	C	1950.41200	2.5421	1.51000	1.30000

表 10.5 高差观测成果表

测段起点号	测段终点号	测段距离（m）	测段高差（m）	高差较差（m）	较差限差（m）
A	2	1474.44400	70.2823		
2	3	1424.71700	1.0041		
3	4	1749.32200	−6.2407		
4	C	1950.41200	99.4635		

表 10.6 平面点位误差

点名	长轴（m）	短轴（m）	长轴方位（d m s）	点位中误差（m）	备注
2	0.00636	0.00390	157.430845	0.0075	
3	0.00726	0.00599	18.393618	0.0094	
4	0.00669	0.00478	95.573888	0.0082	

表 10.7 高程平差结果表

点号	高差改正数（m）	改正后高差（m）	高程中误差（m）	平差后高程（m）	备注
A			0.0000	1201.1430	已知点
2	−0.0064	70.2759	0.0084	1271.4189	

续表

点号	高差改正数（m）	改正后高差（m）	高程中误差（m）	平差后高程（m）	备注
3	−0.0062	0.9979	0.0101	1272.4168	
4	−0.0076	−6.2483	0.0093	1266.1686	
C	−0.0085	99.4550	0.0000	1365.6236	已知点

表 10.8　　　　　　　　　　平 面 点 间 误 差 表

点名	点名	长轴 MT（m）	短轴 MD（m）	D/MD	长轴方位（d m s）	平距 D（m）	备注
A	2	0.00746	0.00390	378378.31	157.430845	1474.46972	
C	4	0.00822	0.00478	408109.67	95.573888	1950.41087	
2	3	0.00710	0.00373	381603.27	7.545532	1424.72943	
3	4	0.00817	0.00428	408421.42	92.411244	1749.33661	

表 10.9　　　　　　　　　　控 制 点 成 果 表

点名	X（m）	Y（m）	H（m）	备　　注
B	8345.8709	5216.6021	1106.0620	已知点
A	7396.2520	5530.0090	1201.1430	已知点
C	4817.6050	9341.4820	1365.6236	已知点
D	4467.5243	8404.7624	1390.5685	已知点
2	7966.6527	6889.6795	1271.4189	
3	6847.2703	7771.0630	1272.4168	
4	6759.9917	9518.2210	1266.1686	

　　输出平差报告之前可进行报告属性的设置：用鼠标点击菜单"窗口 \ 报告属性"，如图 10.56 所示。

　　设置内容有：

　　成果输出：统计页、观测值、精度表、坐标表、闭合差等，需要打印某种成果表时就在相应的成果表前打"√"即可，如图 10.57 所示。

图 10.56

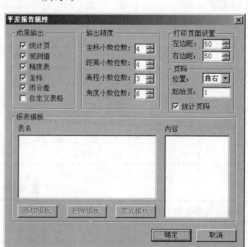

图 10.57

输出精度：可根据需要设置平差报告中坐标、距离、高程和角度的小数位数。

打印页面设置：打印的长和宽的设置。可自定义平差报告的输出格式。

打印

第一步：选取打印对象。在平差报告属性中设置打印内容。

第二步：启动平差报告。在平差报告区中点击一下鼠标即可启动平差报告。

第三步：打印设置。设置打印机的路径以及打印纸张大小和方向。

第四步：打印预览。

第五步：打印。设置打印的页码和打印的份数后点击打印即可。

参 考 文 献

［1］ 武汉大学测绘学院测量平差学科组. 误差理论与测量平差基础. 武汉：武汉大学出版社，2003.

［2］ 於宗涛，鲁林成. 测量平差基础（增订本）. 北京：测绘出版社，1983.

［3］ 武汉测绘科技大学测量平差教研室. 测量平差基础（第三版）. 北京：测绘出版社，1996.

［4］ 武汉测绘学院测量平差学科组. 误差理论与测量平差基础习题集. 武汉：武汉大学出版社，2005.

［5］ 高士纯. 测量平差基础通用习题集. 武汉：武汉测绘科技大学出版社，1999.

［6］ 金学林，马金铃，王菊珍. 误差理论与测量平差. 北京：煤炭工业出版社，1990.

［7］ 黑志坚，周秋生. 测量平差. 哈尔滨：哈尔滨地图出版社，1999.

［8］ 崔希章，陶本藻，等. 广义测量平差（新版）. 武汉：武汉测绘科技大学出版社，2001.

［9］ 王新洲 测量平差. 北京：水利电力出版社，1991.

［10］ 靳祥升. 测量平差. 郑州：黄河水利出版社，2005.

［11］ 牛志宏. 测量平差. 北京：中国电力出版社，2007.

［12］ 广东南方数码科技有限公司. 平差易用户手册. 2005.